解读地球密码

丛书主编　孔庆友

新生陆地

三角洲

Delta

The Neonatal Land

本书主编　董　强　郑秀荣　赵　琳

山东科学技术出版社
·济南·

图书在版编目（CIP）数据

新生陆地——三角洲 / 董强，郑秀荣，赵琳主编 . -- 济南：山东科学技术出版社，2016.6（2023.4 重印）
（解读地球密码）
ISBN 978-7-5331-8358-5

Ⅰ.①新… Ⅱ.①董… ②郑… ③赵… Ⅲ.①三角洲 - 普及读物 Ⅳ.① P931.1-49

中国版本图书馆 CIP 数据核字 (2016) 第 141830 号

丛书主编 孔庆友
本书主编 董 强 郑秀荣 赵 琳

新生陆地——三角洲
XINSHENG LUDI——SANJIAOZHOU

责任编辑：梁天宏 魏海增
装帧设计：魏 然

主管单位：山东出版传媒股份有限公司
出 版 者：山东科学技术出版社
地址：济南市市中区舜耕路 517 号
邮编：250003 电话：（0531）82098088
网址：www.lkj.com.cn
电子邮件：sdkj@sdcbcm.com
发 行 者：山东科学技术出版社
地址：济南市市中区舜耕路 517 号
邮编：250003 电话：（0531）82098067
印 刷 者：三河市嵩川印刷有限公司
地址：三河市杨庄镇肖庄子
邮编：065200 电话：（0316）3650395

规格：16 开（185 mm × 240 mm）
印张：9 字数：156 千
版次：2016 年 6 月第 1 版 印次：2023 年 4 月第 4 次印刷
定价：38.00 元

审图号：GS（2017）1091 号

普及地質科学知识
提高民族科学素質

李廷栋
2016年元月

传播地学知识，弘扬科学精神，
践行绿色发展观，为建设
美好地球村而努力。

翟裕生
2015年10月

贺 词

自然资源、自然环境、自然灾害，这些人类面临的重大课题都与地学密切相关，山东同仁编著的《解读地球密码》科普丛书以地学原理和地质事实科学、真实、通俗地回答了公众关心的问题。相信其出版对于普及地学知识，提高全民科学素质，具有重大意义，并将促进我国地学科普事业的发展。

国土资源部总工程师

编辑出版《解读地球密码》科普丛书，举行业之力，集众家之言，解地球之理，展齐鲁之貌，结地学之果，蔚为大观，实为壮举，必将广布社会，流传长远。人类只有一个地球，只有认识地球、热爱地球，才能保护地球、珍惜地球，使人地合一、时空长存、宇宙永昌、乾坤安宁。

山东省国土资源厅副厅长

编著者寄语

★ 地学是关于地球科学的学问。它是数、理、化、天、地、生、农、工、医九大学科之一，既是一门基础科学，也是一门应用科学。

★ 地球是我们的生存之地、衣食之源。地学与人类的生产生活和经济社会可持续发展紧密相连。

★ 以地学理论说清道理，以地质现象揭秘释惑，以地学领域广采博引，是本丛书最大的特色。

★ 普及地球科学知识，提高全民科学素质，突出科学性、知识性和趣味性，是编著者的应尽责任和共同愿望。

★ 本丛书参考了大量资料和网络信息，得到了诸作者、有关网站和单位的热情帮助和鼎力支持，在此一并表示由衷谢意！

科学指导

李廷栋　中国科学院院士、著名地质学家

翟裕生　中国科学院院士、著名矿床学家

编著委员会

主　　任　刘俭朴　李　琥

副 主 任　张庆坤　王桂鹏　徐军祥　刘祥元　武旭仁　屈绍东
刘兴旺　杜长征　侯成桥　臧桂茂　刘圣刚　孟祥军

主　　编　孔庆友

副 主 编　张天祯　方宝明　于学峰　张鲁府　常允新　刘书才

编　　委　（以姓氏笔画为序）
卫　伟　方　明　方庆海　王　经　王世进　王光信
王怀洪　王来明　王学尧　王德敬　冯克印　左晓敏
石业迎　刘小琼　刘凤臣　刘洪亮　刘海泉　刘继太
刘瑞华　吕大炜　吕晓亮　孙　斌　曲延波　朱友强
邢　锋　邢俊昊　吴国栋　宋志勇　宋明春　宋香锁
宋晓媚　张　峰　张　震　张永伟　张作金　张春池
张增奇　李　壮　李大鹏　李玉章　李金镇　李勇普
李香臣　杜圣贤　杨丽芝　陈　军　陈　诚　陈国栋
范士彦　郑福华　侯明兰　姚春梅　姜文娟　祝德成
胡　戈　胡智勇　贺　敬　赵　琳　赵书泉　郝兴中
郝言平　徐　品　郭加朋　郭宝奎　高树学　高善坤
梁吉坡　董　强　韩代成　潘拥军　颜景生　戴广凯

书稿统筹　宋晓媚　左晓敏

目录

CONTENTS

Part 1 三角洲释义

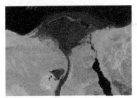

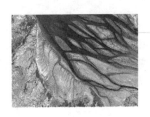

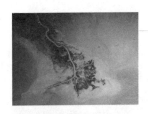

Part 2 三角洲成因

三角洲的形成原理/9

三角洲的形成、发育和形态特征主要受河流作用和蓄水体能量控制。影响因素有：流速、泄水量、泥沙量；注水和蓄水体相对密度大小；沉积介质作用类型和强度；沉积盆地的构造性质。三角洲的建设主要是河流作用，海洋对三角洲起改造作用。

三角洲的形成条件/12

三角洲是一种常见的地貌形态，是海洋过程与河流过程间复杂运动交互作用的产物。河流挟带大量泥沙，是形成三角洲的最基本条件和物质基础。世界上每年约有160亿m^3的泥沙被河流搬入海中，形成了千姿百态的三角洲平原。

三角洲的沉积模式/15

三角洲包括多种沉积环境的沉积体系，分三角洲平原、三角洲前缘和前三角洲，有河控、浪控及潮控三种类型。河控三角洲是最常见的三角洲类型，厚度巨大、面积广泛，称为建设型三角洲。

Part 3 三角洲赞歌

文明的发祥地/21

大多人类文明发祥于大江大河冲积而成的三角洲地带。三角洲水源充足，地势平坦，土地肥沃，气候温和，满足人们生存的基本需求。古代文明以农业文明为特征。人类生产劳动，繁衍生息，孕育出悠久辉煌的人类文明。古代文明与现代文明交相辉映。

富饶的三角洲/33

三角洲面积宽广，开阔低平，土层深厚，土质肥沃，水网密布，资源丰富，工业发达，农业兴旺，人口密集，经济发达。

大美的三角洲/41

三角洲位置优越，生态独特，风景别致，港湾交错，绿树葱郁，绿草茵茵，沙滩洁白，鸟语花香，天高地远，水碧天蓝、水天一色，烟波浩渺，芦苇林立，白鹭成群，湿地天堂、动物乐园、植物王国。

Part 4 世界三角洲巡礼

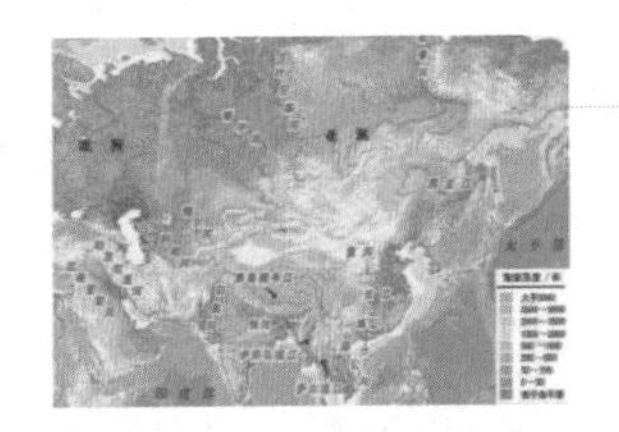

世界三角洲概述/51

地球上河流千姿百态，流域面积超过100 km^{2}的有5万多条。大河入海处大都发育千姿百态的三角洲。除中国境内大河外，世界上发育有三角洲的河流有恒河、湄公河、伊洛瓦底江、多瑙河、伏尔加河、勒拿河、尼罗河、尼日尔河、密西西比河和奥里诺科河等。

亚洲三角洲/55

除我国境内的长江、黄河、珠江三角洲外，亚洲著名的三角洲还包括恒河、湄公河和伊洛瓦底江三角洲。恒河三角洲是世界上面积最大的三角洲，土层肥沃，水网密布，农业发达，人口密集，鱼米之乡，经济中心，红树林区，黄麻最大产区，恒河文明。湄公河三角洲是东南亚最大的平原和鱼米之乡。伊洛瓦底江三角洲是缅甸谷仓，石油产地。

欧洲三角洲/66

包括多瑙河、伏尔加河和勒拿河三角洲。多瑙河三角洲位于罗马尼亚，伏尔加河和勒拿河三角洲位于俄罗斯。多瑙河是干流流经国家最多的河流，伏尔加河是欧洲最大的内陆河，勒拿河流经俄罗斯西伯利亚中部冰封荒原。多瑙河三角洲风光绮丽，资源丰富，水网密布，冰天雪地，是鸟和动物“天堂”，欧洲最大地质和生物实验室，有达契亚文明；伏尔加河三角洲富庶美丽；勒拿河三角洲区域辽阔，不断扩大，孕育了俄罗斯文明。

非洲三角洲/78

包括尼罗河和尼日尔河三角洲。尼罗河是世界最长河流，尼罗河三角洲位于埃及，属地中海气候，炎热干燥，土地肥沃，河网纵横，渠道密布，农业发达，人口密集，风景秀美，石油丰富，集中了埃及全国2/3的耕地，历史悠久，孕育有埃及文明；尼日尔河为西非最大河流，尼日尔河三角洲位于尼日利亚境内，地势平缓低平，石油丰富，气候湿热，孕育有西非文明。

美洲三角洲/85

包括密西西比河和奥里诺科河三角洲。密西西比河是北美最长河流，密西西比河三角洲位于美国，是全新世形成的鸟足形三角洲，是美国国家文化以及休闲文化的集中地、重要生态旅游区，分布有美国40%的盐沼地。奥里诺科河是一条国际河流，奥里诺科河三角洲属热带气候，无树平原，红树林沼泽，是南美主要牧区，土质黝黑，土壤肥沃，富含石油。

Part 5 中国三角洲聚焦

长江三角洲/94

长江源远流长，是中国最长河流，中国历史、文明和经济源泉之一。长江流域生态多样，资源丰富。长三角地区是中国第一大经济区；长三角城市群是六大世界级城市群之一，是我国经济中心、国际门户、制造业基地，交通和城市建设发达。

珠江三角洲/104

珠江是中国大河之一。地处热带，河网纵横，含沙量少，资源丰富，形成历史短，沉积物厚度小。珠三角位置优越，人口稠密，经济发达，是经济特区、开放的窗口，农村工业化程度高，城乡一体化进程快，是全国最大的外来工聚集地。邻近香港和澳门，是中国的南大门。

黄河三角洲/115

黄河是含沙量最多的河流。黄河三角洲是中国最大的三角洲。每年沉积的12亿t泥沙新造陆地23~28 km^2。黄河三角洲是我国第一大石油工业基地，景观独特，土地辽阔，绿草茵茵，有最美湿地、天鹅乐园、鸟类的“国际机场”之称；黄河三角洲还是新生陆地演化基地、生物演替规律的基因库、黄河治理成效的晴雨表。

参考文献/129

地学知识窗

平原/2　海洋/6　沉积相/7　海岸带/13　滩涂/14　沉积环境/18　文明/21　矿产资源/35　湿地、生物多样性/43、44　流域/52　河流/54　海洋性气候/68　山地/108　深切河曲景观/116　国家地质公园/124

Part 1 三角洲释义

三角洲是河流与海洋的汇合处，在河口附近所形成的锥形碎屑沉积体。三角洲顶端指向上游，底边为其外缘。从顶端向外缘依次为三角洲平原、三角洲前缘和前三角洲。三角洲千姿百态，主要类型有扇形、舌形、弓形、鸟足形、尖头形和河口湾形。三角洲的形态和沉积主要受河流、海洋、气候和构造等因素影响，其中最重要的是河流输沙量、波浪能量和潮流能量三个因素。按动力过程，三角洲分为河流作用为主、波浪作用为主和潮流作用为主三种类型。

三角洲的概念

三角洲（图1-1）即河口冲积平原，是一种常见的地貌形态。江河奔流中所裹挟的泥沙等，在入海口处遇到含盐量比淡水高得多的海水，流速降低，凝蓄淤积，逐渐成为河口岸边新的湿地，继而形成三角洲平原。三角洲的顶部指向河流上游，外缘面向大海，可以看作是三角形的“底边”。“三角洲”英文“delta”即希腊文Δ的转写，也有人认为三角洲就是字母“Δ”的象形起源。

三角洲概念的出现可追溯到约公元前450年。当时，古希腊历史学家希罗多德（Herodotos，约公元前484年~约公元前425年）观察到尼罗河口冲积平原的平面形态与希腊字母Δ相似，于是称其为“三角洲”。三角洲是指河流与海洋、湖泊的汇合处（在河口附近）所形成的锥形碎屑沉积体，通常所称的三角洲大多是指海洋三角洲，它是河流流水与海洋波浪和潮汐共同作用的产物。三角洲大小自数平方千米到几千平方千米不等。

——地学知识窗——

平原

平原是陆地地形当中海拔较低而平坦的地貌。海拔多在0~500 m，一般都在沿海地区。海拔0~200 m的叫低平原，200~500 m的叫高平原。主要特点是地势低平，起伏和缓，相对高度一般不超过50 m，坡度在5° 以下。它以较低的高度区别于高原，以较小的起伏区别于丘陵。按照成因分为冰碛平原、冲积平原、海蚀平原、冰蚀平原。其中最常见的是冲积平原，三角洲平原就属于冲积平原。平原是陆地上最平坦的地域，是最适合人类活动的场所。

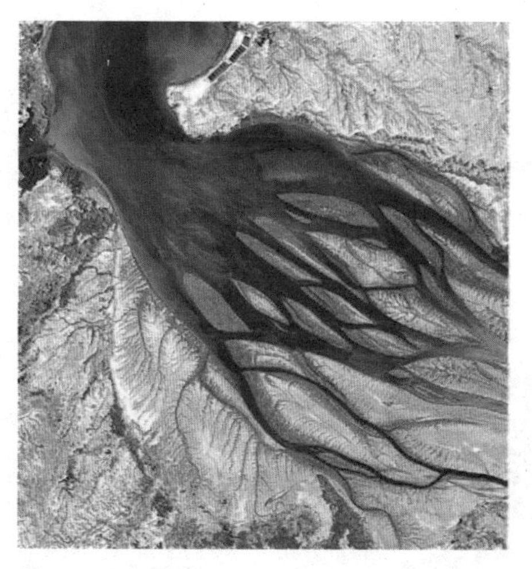

图1–1 三角洲影像

三角洲的形态

三角洲千姿百态，按其形态大体可归纳为扇形、舌形、弓形、鸟足形、尖头形和河口湾形。

一、扇形

形成于入海河流含沙量高、河道分汊并经常改道、口外海滨水深较浅的河口区，由泥沙均匀地向海堆积而成，如中国黄河、滦河三角洲。在海水浅波浪作用较强、能将伸出河口的沙嘴冲刷夷平的地区，常形成扇形三角洲。黄河三角洲就是在弱潮、多沙条件下形成的扇形三角洲。它的特点是：河流入海泥沙多，三角洲上河道变迁频繁，有时分几股入海。泥沙在河口迅速淤积，形成大的河口沙嘴，沙嘴延伸至一定程度，因比降减小、水流不畅而改道，在新的河口又迅速形成新的沙嘴。而老河口断流后，又受波浪与海流作用，沙嘴逐渐被蚀后退，形成扇状轮廓。直至其上再有新河道流经时，这段岸线才又迅速向前推进。因此，随着河口的不断变迁，三角洲海岸是交替向前推进的，并在海滨分布许多沙嘴，使三角洲岸线路略具齿状（图1–2）。

二、舌形

形成于入海河流含沙量较高、汊道众多的河口区，其河口沙坝经波浪改造连接而成，如勒拿河三角洲（图1–3）。

图1–2 扇形三角洲

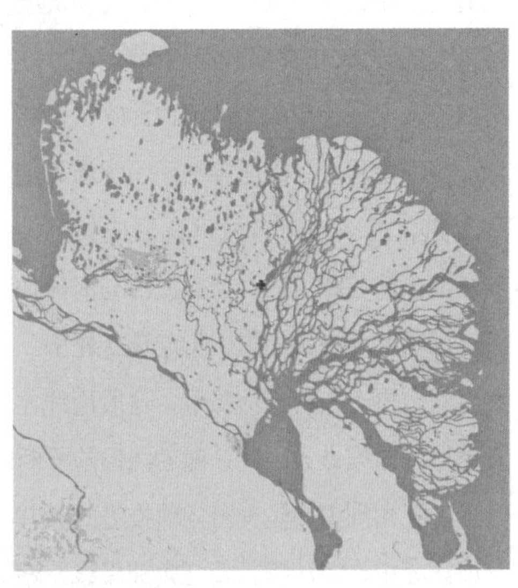

图1–3 舌形三角洲

三、弓形

发育于入海河流含沙量不多、有潮汐作用的河口区，由河口附近沙体堆积为向海凸的弓形，如尼日尔河三角洲（图1–4）。

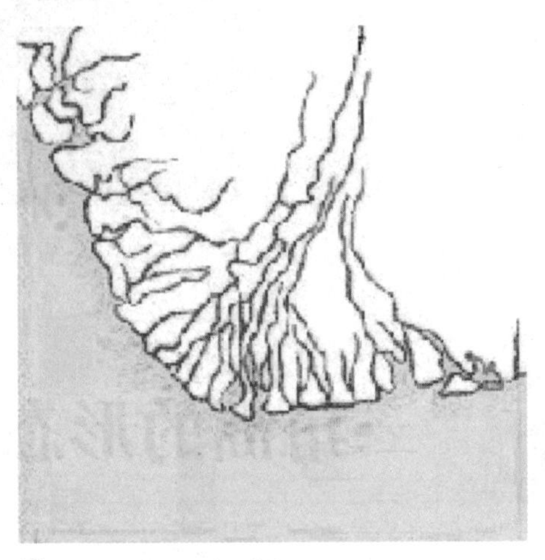

图1–4 弓形三角洲

四、鸟足形

形成于入海河流含沙量较高、河流作用占优势的河口区，因堆积构成的沙嘴平面形态似鸟足而得名（图1–5），以密西西比河三角洲最为典型。

在波浪作用较弱的河口区，河流分为几股同时入海，各岔流的泥沙堆积量均超过波浪的侵蚀量，泥沙沿各汊道堆积延伸，形成长条形大沙嘴伸入海中，使三角洲外形呈鸟足形。由于这种汊道比较稳定，两侧常发育天然堤，天然堤又起着约束水流的作用，使岔流能够继续向海伸长。天然堤一旦被洪水冲积，就会产生新的岔流。密西西比河三角洲就是一个典型的鸟足形三角洲。在注入湖泊的河口，也常见有鸟足形三角洲。如我国的鄱阳湖、滇池等沿岸发育有许多大小不一的鸟足形三角洲。

五、尖头形

发育于入海河流含沙量不多、波浪作用较强的河口区，由主流河口堆积、突出于海中形成（图1-6），如尼罗河三角洲。

六、河口湾形

发育于潮汐作用和波浪作用强烈的喇叭状河口区，河口湾被河流泥沙充填而成，如恒河三角洲。

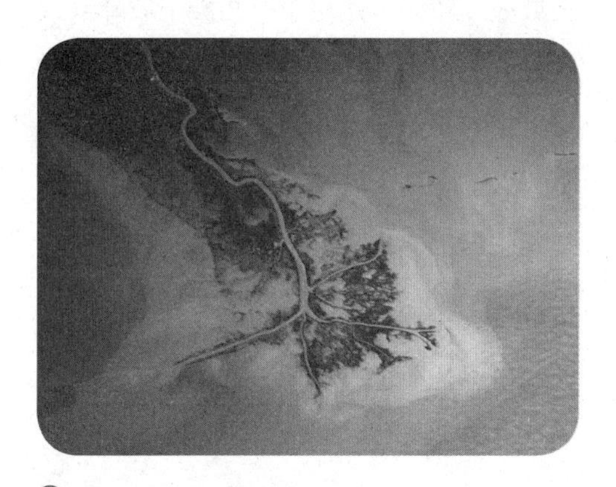

图1-5　鸟足形三角洲

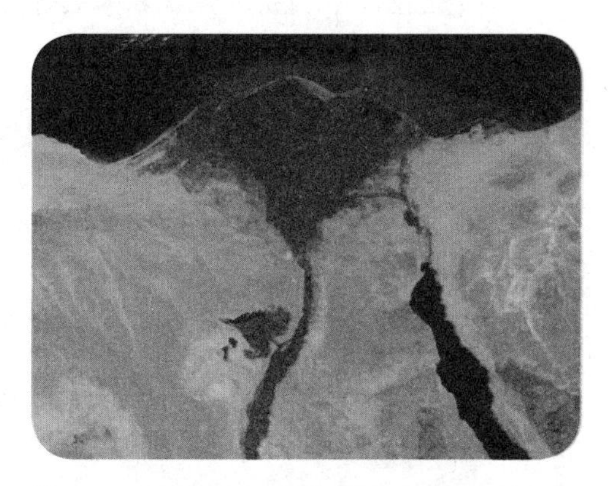

图1-6　尖头形三角洲

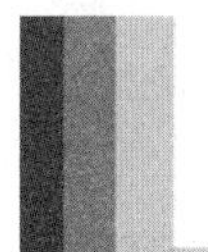

三角洲的特征

三角洲位于河流入海（或湖）的河口地区，是海洋过程与河流过程间复杂交互作用的产物。世界三角洲的形态和沉积环境千差万别，但共同特征是河水流进入海口，水面比降减小，流速降低，河流挟沙能力大减，使泥沙在河口大量沉积。世界许多大河，河流所带泥沙的80%~90%都沉积在河口地区，故沉积速率极高，河流泥沙的堆积速率大于海洋动力的侵蚀速率，在河流入海处堆积成巨大的三角形沉积体。

三角洲一般由陆上三角洲和水下（海底）三角洲两大部分组成，水下部分是陆上部分的延续。许多大河三角洲的水下面积常超过陆上面积。如长江三角洲陆上部分面积为2.28×10^4 km^2（从沉积学上划分），水下部分面积为2.9×10^4 km^2，陆上和水下面积之比为0.78。伊洛瓦底江三角洲陆上部分面积仅为水下部分的十分之一。三角洲上固有河流分汊现象加上泥沙淤浅河床，影响洪水下泄，使原始状态的三角洲上水系变迁频繁，决口、洪泛经常发生，造成地表河道纵横，微地貌复杂；三角洲上河流泥沙冲淤过程特别复杂，严重影响河势的稳定，对岸线利用、航道开发、港口建设带来不利影响。

按照地貌和沉积物的不同，三角洲自陆向海分为三角洲平原、三角洲前缘和前三角洲三部分。三角洲平原是三角洲已经出露水面的部分，地势极为平缓，但微地貌和沉积物较复杂，有河床、天然堤、湖泊、沼泽、滨岸砂堤（贝壳堤）等。三角洲前缘位于水下，包括河口沙坝（拦门沙）、汊道河床、前缘斜坡等，其中前缘斜坡坡度较大，是整个三角洲中坡降最大的部分。前三角洲位于离河口较远的海域，主要由泥质沉积组成，有机质含量较高。

三角洲的形态和沉积主要受河流因素（流量、输沙量）、海洋因素（波浪、潮汐、沿岸流）、气候、构造因素等影响，其中最重要的三个因素分别是河流输沙量、波浪能量和潮流能量。按动力过程，三角洲分为三大类型，即以河流作用为

——地学知识窗——

海洋

海洋即“海”和“洋”的总称。地球上四分之三的面积被海洋覆盖。一般将占地球很大面积的咸水水域称为“洋”，大陆边缘的水域称为“海”。全球海洋被分为数个大洋和面积较小的海。世界上主要的大洋为太平洋、大西洋、印度洋和北冰洋。

主、波浪作用为主和潮流作用为主，典型代表分别为密西西比河三角洲、罗纳河三角洲和恒河三角洲。自然界中上述三个因素的组合十分复杂，许多三角洲难以明确归纳到上述分类系统中。例如，按照动力过程，黄河三角洲应属以河流作用为主的三角洲，但由于黄河河口段河道迁移频繁，三角洲大部分海岸已受到波浪作用改造，目前三角洲形态具有鸟足形和扇形的复合形态。长江三角洲由于潮流作用较强，其形态也具有河流作用为主及潮流作用为主的复合特征。珠江三角洲是多条河流沉积的复合型三角洲，因潮流作用较强，又具有潮流作用为主三角洲的一些特征。珠江三角洲有8个口门（河口），东西两端的虎门（伶仃洋）和崖门（黄茅海）都是潮流作用为主的三角港，其他6个口门则为以河流作用为主的三角洲。

三角洲面积宽广，地势低平，土层深厚，土质肥沃，水网密布，不仅是良好的农耕区，而且具备形成石油和天然气的有利条件，世界上许多著名的油气田都分布在三角洲地区。但三角洲自身缺乏固体矿产（除某些冲积砂矿外）富集的环境，而且影响深埋其下的基岩中矿产的发现和开发，缺乏发展工业所需的许多金属和非金属矿产资源。三角洲是河海交互、陆海相接的边缘地带，是不同生态系统的过渡带，对全球气候变化问题最为敏感，也易遭受自然灾害。

——地学知识窗——

沉积相

沉积相是沉积环境的物质表现。特定的沉积环境包括岩石、古生物和岩石地球化学等所有的原生沉积特征的综合。沉积相最早由瑞士地质学家A.格雷斯利于1938年提出，目前世界上大多数学者所接受的沉积相概念是“沉积环境的物质表现”。按沉积自然地理环境，沉积相通常可区分为陆相、海相及海陆过渡相三大类。

Part 2 三角洲成因

三角洲是一种常见的地貌形态，是海洋过程与河流过程间复杂运动交互作用的产物。河流携带大量泥沙造就了三角洲。世界上每年约有160亿m^3的泥沙被河流搬入海中，形成了千姿百态的三角洲平原。三角洲的形成、发育和形态特征主要受河流作用和蓄水体能量相对强度控制。三角洲的建设主要是河流作用，而海水则对三角洲起着改造和破坏的作用。影响三角洲形成和发育的因素主要有河水的流速、泄水量、搬运泥沙量；注水和蓄水体相对密度的大小；沉积介质作用的类型和强度及沉积盆地的构造性质等。

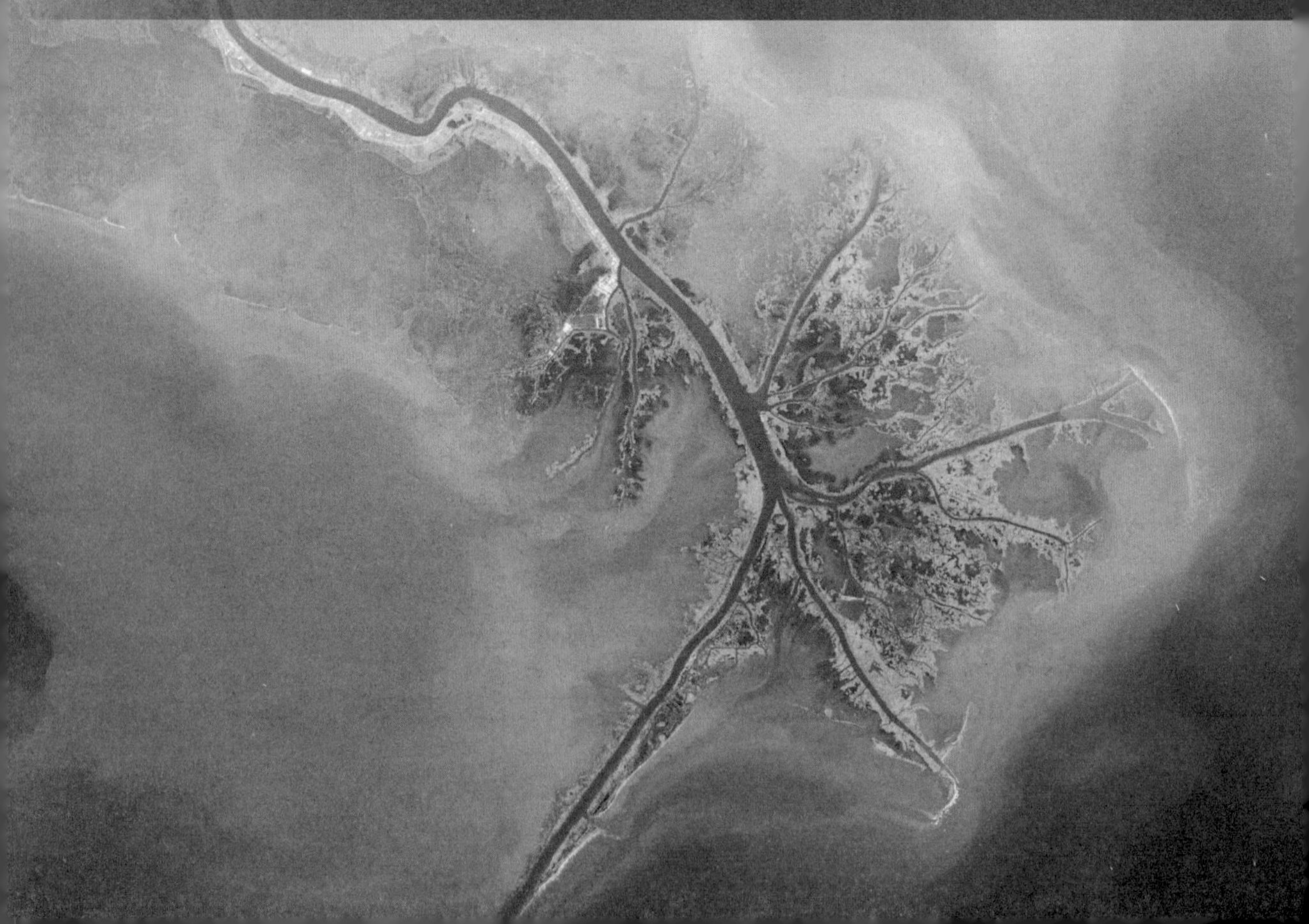

三角洲的形成原理

三角洲位于海、陆之间的过渡地带，这个地带宽窄不一，从几千米到几十千米不等，局部可宽达几百千米。过渡环境的最大特征是：水中含盐度往往不正常，并同时受到大陆上的河流及海洋的波浪和潮汐作用的影响。这在生物特征和沉积特征上均具有明显的表现。主要特征是：大陆和海洋的生物群混生，生物群分异度（属、种）较低，而丰度（数量）较高，以广盐性的生物如双壳类和腹足类繁盛为特征；在沉积物特征方面，除大量发育有河流携带的陆源碎屑沉积物外，有时也因水体咸化而形成一些化学沉积，水流作用和波浪作用形成的沉积构造共生；由于河流携带大量陆源沉积物在入海口处沉积，沉积速度较快，可形成厚度巨大的三角洲沉积体系。

一、三角洲形成的流体力学

贝茨（C.C.Bates）对三角洲形成的水动力学进行了研究。他将三角洲河口比拟为一个喷嘴，河水通过河口流入蓄水体（盆地）时，形成自由喷流，并可分为轴状喷流和平面喷流两种类型。轴状喷流指河水与蓄水体水的混合作用发生在三维空间（纵向的），其混合作用较快，致使水流速度迅速降低；平面喷流指河水与蓄水体水的混合作用发生在二维空间（表层水的或底层水的），其混合作用较慢，表层水的平面喷流在盆地方向较远的地方仍保持较高的流速，底层水的平面喷流往往形成重力流，进入盆地后可能发生快速沉积作用，并向盆地方向延伸较短的距离。轴状喷流和平面喷流在海洋三角洲和湖泊三角洲中的反映有等密度流型、低密度流型、高密度流型三种情况。

等密度流型：河流水和蓄水密度近相等（湖泊三角洲型）。当河水注入湖泊时，由于两种水的密度接近相等，主要发生轴状喷流（图2-1），平面喷流不明显，表现为两种水发生三维空间的混合作用，而且水流速度迅速降低，使陆源沉积物，尤其是底负载沉积物在河口附近迅速堆积，形成湖泊型三角洲。这种沉积体的分布范围一般较小。

低密度流型：流入水密度小于蓄水体密度（海洋三角洲型）。由于河流水体的密度小于海水密度，一般来说，河水（淡水）的密度小（1.0 g/cm³），仅为海水（咸水）密度的96%~98%，河水这种低密度水流在密度较大的咸海水面上向外扩散流动，出现以平面喷流为主的状态（图2-2）。因此，河水在表层水水平方向能向外散布很远，即沉积物可被带到远岸区沉积，形成以河流作用为主的海岸三角洲。

高密度流型：当流入水的密度大于蓄水体水的密度时，这种高密度的流动是沿着水底发生的平面喷流（图2-3），当冰冷的水流注入较温暖的湖泊中，或者含有大量悬浮负载的洪水水流进入湖泊中时，即产生这种流动。但一般含泥沙的河水

平面图

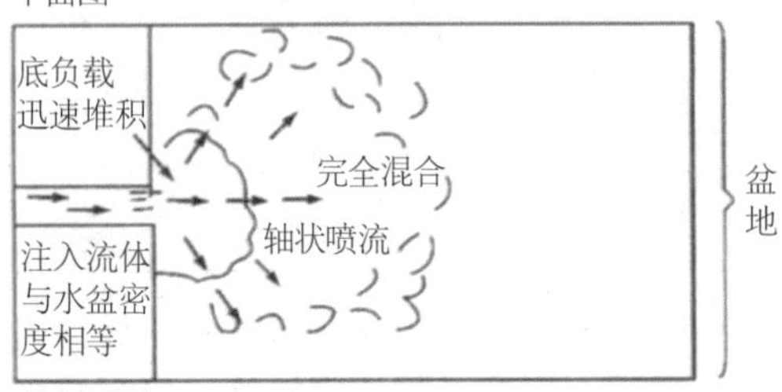

纵剖面图

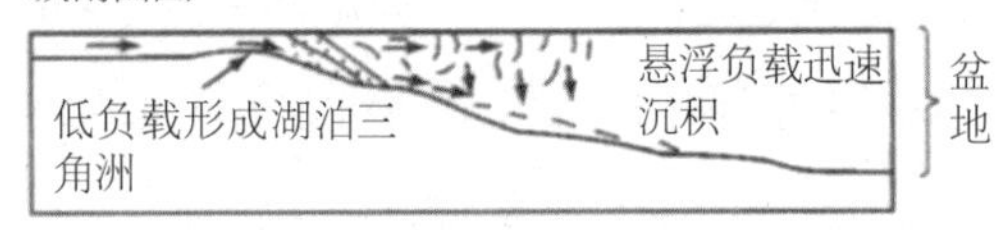

图2-1　当流入水的密度与蓄水体水的密度相同时，等密度流所形成的为轴状喷流（据C.C.Bates, 1953; 转引自H.G.Reading, 1978）

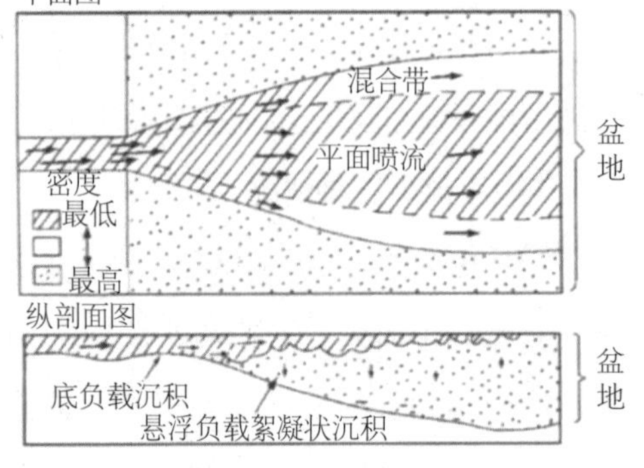

图2-2　当流入水的密度小于蓄水体水的密度时，低密度流所形成的为平面喷流（据C.C.Bates, 1953; 转引自H.G.Reading, 1978）

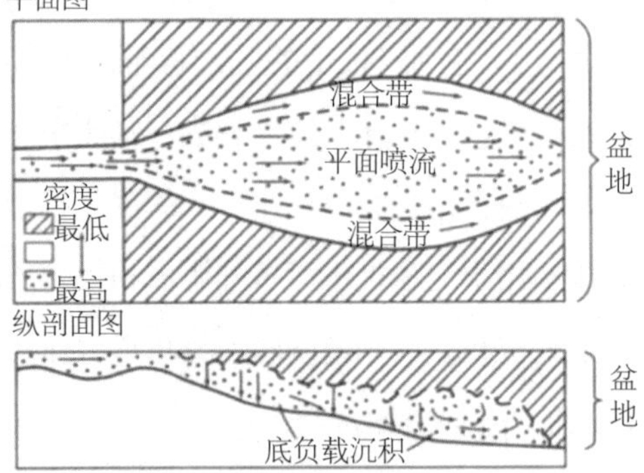

图2-3　当流入水的密度大于蓄水体水的密度时，高密度流（重力流）所形成的为平面喷流（据C.C.Bates, 1953; 转引自H.G.Reading, 1978）

密度很少超过海水密度，故不能产生这种流动类型。这种情况也发生在大陆坡上，未固结的海底沉积物因受重力或其他外力作用而发生滑塌或滑动，其结果可形成浊流。

二、三角洲的形成和发育

三角洲的形成、发育和形态特征主要受河流作用和蓄水体能量相对强度控制。三角洲的建设主要是河流作用，而海水则对三角洲起着改造和破坏的作用。影响三角洲形成和发育的因素主要有以下几种：河水的流速、泄水量、搬运泥沙量；注水和蓄水体相对密度的大小；沉积介质作用类型（*河流、波浪、潮汐、海流*）和强度；沉积盆地的构造性质，其中包括沉积盆地的稳定性、沉降速度和海水进退等。

三角洲主要是由河流搬运来的泥沙在河口附近堆积而成的，但海水的波浪或潮汐等作用可以使它们遭受冲刷、改造，并使其重新分布（图2–4）。如果河流比较大，搬运来的泥沙多，而海水作用弱，则三角洲发育迅速，并不断向海的方向推进生长；但如果河流小，搬运来的泥沙少，而海水作用又强，则三角洲发育缓慢，甚至不发育三角洲，而是以河口湾环境出现。三角洲是河流和海水相互作用的结果。例如，美国密西西比河三角洲，由于该河源远流长，而且携带来的泥沙量大，再加上墨西哥湾的波浪和潮汐作用较弱，致使密西西比河三角洲向墨西哥湾延伸达48 km。

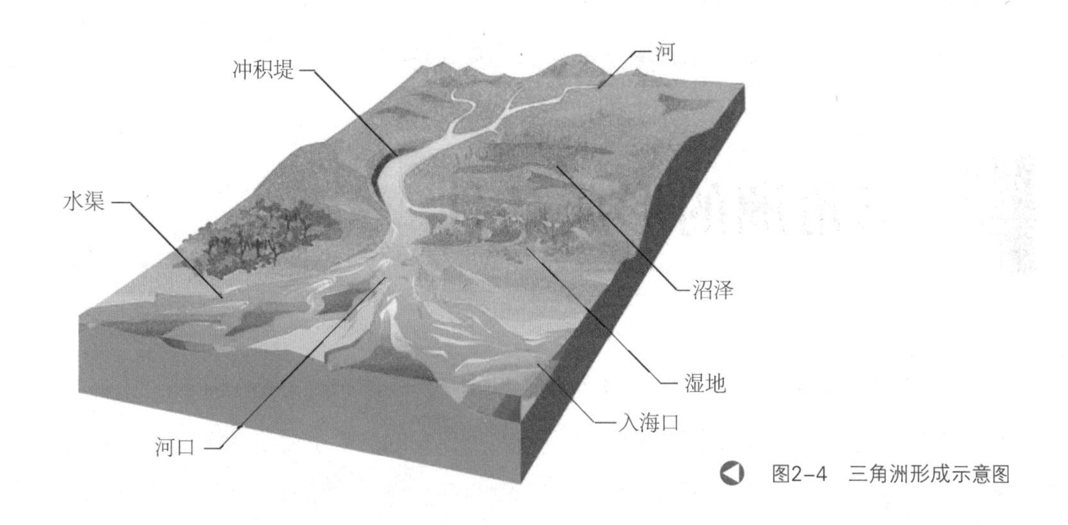

图2–4 三角洲形成示意图

三角洲的形成发育过程实质上是分支流河道不断分岔和向海方向不断推进的过程。在河流入海的河口附近，由于海底坡度减缓，水流分散，流速突然降低，大量的负载物质便堆积下来，形成河口沙坝。由于河口沙坝的堆积阻截，水流受到阻挡，当能量累积到一定程度时，水流势必向两侧方向冲刷，形成分支流，并在其外侧形成新的水下天然堤。分支流河道再向前发展，又会在两个分支流河道口出现两个新分支流河口沙坝，而将分支流河道再度分流，形成次一级分支流河道，并向外扩展。由于这一过程不断重复发展，三角洲就不断地向海方向推进，其结果便形成了分支流发育的三角洲平原。

三角洲在横向上扩展的另一个原因是决口扇的形成。分支流河道两边的天然堤，其高度、宽度及稳定性向下游方向逐渐减小。因此，三角洲平原分支流河道的天然堤较不发育，易被洪水冲破而形成决口，泥沙便从决口冲出，形成决口扇，使三角洲平原的陆地面积在横向上不断扩大。但是，三角洲分支流体系向海方向推进不会无限制地发展下去。当分支流过分扩展时，最终会造成河流改道，从而流入坡度较陡的河道，或者由于决口而使主河流改道，致使原来的三角洲废弃。海水入侵时，其上部沉积物受到海水作用的改造，开始了三角洲的破坏时期。与此同时，一个新的三角洲便在其附近又开始生长。有时一个三角洲尚未结束，而另一个三角洲已经开始形成。经过一段时间以后，主河道也可以回到原来三角洲废弃的地区，再度产生新的三角洲。总之，上述现象可以多次重复出现，致使各个三角洲之间彼此交错、相互重叠，形成了复杂的三角洲体系。如美国密西西比河三角洲体系，由7个三角洲叶状体相互交错叠置而成的。

三角洲的形成条件

三角洲位于河流入海的河口地区，是海洋过程与河流过程间复杂运动交互作用的产物，是在河流作用超过受水体作用的条件下泥沙在河口大量堆积的结果。这些混在河水里的泥沙从上游流到下游时，由于河床逐渐扩大，降差减小，在河流注入大海时，水流分散，流速骤然减小，再加上潮水不时涌入，有阻滞河水的作用，特别是海水中溶有许多电离性强的氯化钠，产生出的大量离子使那些悬浮在水中的泥沙也沉淀下来。于是，泥沙就在这里越积越多，最后露出水面。这时，河流只得绕过沙堆从两边流过去。沙堆的迎水面直接受到河流的冲击，不断受到流水的侵蚀，往往形成尖端状，而背水面却比较宽大，因而在河流入海处堆积成巨大的三角形沉积体。

泥沙是形成三角洲的物质基础，泥沙造就了三角洲。世界上每年约有160亿m^3的泥沙被河流搬入海中。三角洲是由河流填海造陆而形成。由于大多数河流含沙量较高，年输沙量大，受水海域浅，巨量的河流泥沙在河口附近淤积，填海造陆速度很快，使河道不断向海内延伸，河口侵蚀基准面不断抬高，河床逐年上升，河道比降变缓，泄洪排沙能力逐年降低，当淤积发生到一定程度时则发生尾闾改道，另寻他径入海。河流入海流路按照“淤积→延伸→抬高→摆动→改道”的规律不断演变，使三角洲陆地面积不断扩大，海岸带不断向海里推进，历经几百年，逐渐淤积形成三角洲。

河流的输沙量与径流量之比是形成三角洲十分重要的因素。一般说来，我国长江口以北的河流，输沙量巨大，输沙量与径流量间的比例均在0.5以上，河口泥沙沉积迅速，多形成三角洲。长江口以南各河流，因流域雨量丰沛，径流量巨大，输

——地学知识窗——

海岸带

海岸带是指海洋和陆地相互作用的地带，即由海洋向陆地的过渡地带，由平均高潮线以上的陆地部分、潮间带和平均低潮线以下的水下岸坡三部分组成。现代海岸带包括现代海水运动对于海岸作用的最上限及其邻近的陆地，以及海水对于潮下带岸坡剖面冲淤变化所影响的范围。海岸带生态系统具有复合性、边缘性和活跃性的特征。海岸带是旅游业的重要发展地带。

沙量相对较少，输沙量与径流量间的比值在0.24以下，河口多形成三角港，而缺乏典型的三角洲，如钱塘江、瓯江、闽江等。

气候对三角洲沉积也有重要影响。热带湿润地区的一些三角洲，海岸及分流河口两岸常分布着广大的红树林沼泽地，如湄公河三角洲。热带或亚热带干旱地区的三角洲及沿海泥质潮滩上常覆盖着盐壳或蒸发岩壳，如印度河三角洲和尼罗河三角洲。黄河三角洲位于暖温带半干旱地区（年降水量约500 mm），潮滩土壤含盐量高，脱盐过程需较长时间。长江三角洲位于亚热带湿润地区（年降水量1 000 mm以上），潮滩盐土改造需时较短。珠江三角洲位于热带湿润地区（年降水量1 500 mm左右），海岸常见低矮的红树林沼泽地，土壤具弱酸性，改造措施与黄河三角洲和长江三角洲大不相同。另外，黄河三角洲因气候较干燥，蒸发量大，海水含盐量高，其沿海滩涂是我国海盐生产的主要基地，著名的长芦盐场即位于这里。因气候不同，我国三大三角洲的人文景观也有明显差异。长江和珠江三角洲河网密布，内河航运发达，是我国著名的水乡泽国、鱼米之乡；黄河三角洲则基本上是一个旱农区域，缺乏内河航运之利，具有华北平原的典型人文景观。

——地学知识窗——

滩涂

滩涂原指海涂，即最高潮位与最低潮位之间底质为沙砾、淤泥或软泥的沉积地带，又称“潮间带”，是海洋向陆地的过渡地带。由于潮汐的作用，滩涂有时被水淹没，有时又出露水面。中国的海涂主要分布在北起辽宁，南至广东、广西和海南的海滨地带，总面积约217.04万hm^2。另外，我国土地利用分类系统中将滩涂定义为“海滩、河滩与湖滩的总称”。

三角洲的沉积模式

对现代三角洲做深入的沉积模式研究，开始于Russell等人对密西西比河三角洲的经典工作，早期对密西西比河三角洲的研究使之成为无可争议的标准模式。后来对其他三角洲的研究多半是确定这些三角洲与密西西比河三角洲的相似性。再后来的三角洲研究大部分是以与其他典型三角洲的对比来结束。实际上，世界上不同三角洲性质是有变化的，这种变化是现代三角洲研究的主题。

美国密西西比河三角洲自白垩纪开始发育至今。现代密西西比河三角洲属于高建设型的鸟足形三角洲，平原部分发育网状水流体系，主要由分流河道和分流河道间的沼泽沉积组成，而沼泽的面积占三角洲平原面积的90%，前缘部分以发育指状砂坝为特征。尼日尔河三角洲等处于温热的热带和亚热带地区，三角洲平原的大部分也都是植物繁盛的含盐红树林沼泽、淡水沼泽或草沼。

黄河三角洲属于高建设型的扇形三角洲，它与典型的现代密西西比河三角洲有明显区别。例如密西西比河三角洲前缘部分发育指状砂坝，而黄河三角洲的前缘部分则因河床淤积快，黄河尾闾河道改道、决口频繁而未能形成指状砂坝。三角洲体系是最复杂的沉积体系之一，密西西比河三角洲体系中大约有20种不同的沉积环境及其所组成的相，黄河三角洲沉积体系也是由许多沉积环境和相组成的。特别需要强调的是，密西西比河三角洲平原部分以分流河道和沼泽沉积为主，其中沼泽面积占90%，而黄河三角洲平原也有部分沼泽相沉积，但在剖面中保存下来的腐植层或泥炭层很少；黄河三角洲平原盐碱滩占较大比例，还可有风成沉积，这是黄河三角洲特殊的沉积条件造成的独特沉积环境和相。

埃及尼罗河三角洲陆上面积约1.5万km^2，宽阔的三角洲平原主要分布有洪泛盆地、较小的分流以及废弃分流河道沉积。三角洲前缘受地中海的波浪和由西向东为主的沿岸漂流作用，在分流河口两侧形成海岸障壁岛和海滩沙以及洲潟湖沉积，海岸潟湖的向陆方向是盐沼和盐碱滩的广阔低地区，尼罗河三角洲属于中、高破坏型的浪控鸟嘴状三角洲，广阔的海岸地区发育盐沼和盐碱滩，表明它们是干旱气候的产物。

如前所述，三角洲的形成发育是河流和海水长期作用的结果，而且由于其控制能量的相对强度不同，形成了不同类型的三角洲（图2-5）。表2-1表示了河控、浪控及潮控三角洲的主要沉积特征。

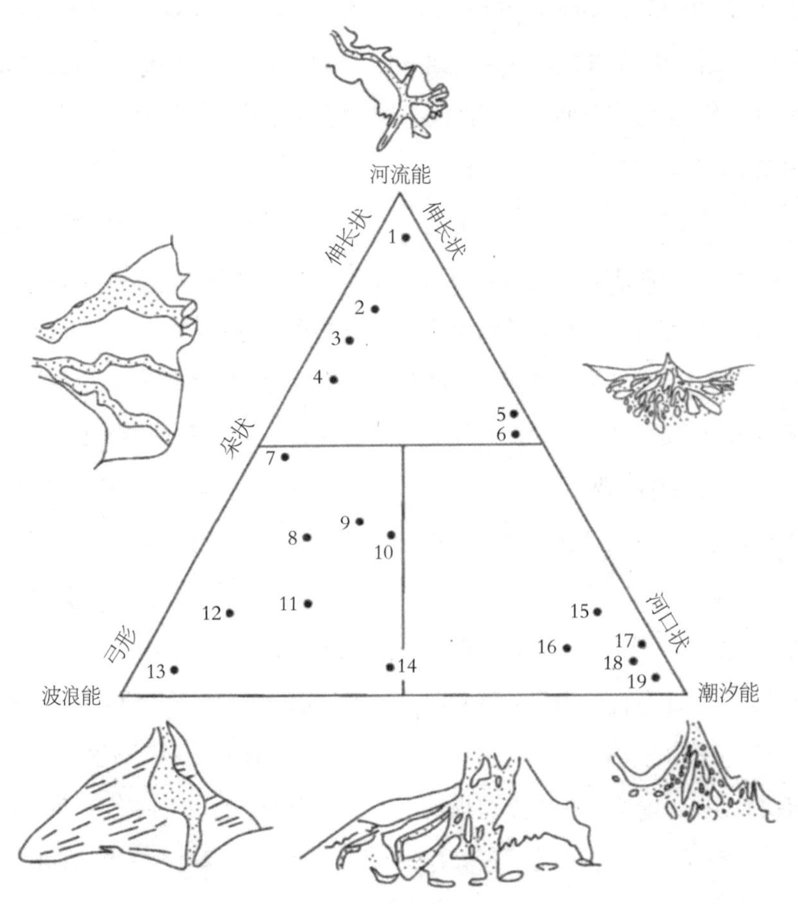

图2-5 三角洲的三元分类（据W.E.Galloway, 1975; 转引自孙永传和李蕙生，1986）

1~19分别是三角洲名称：1—密西西比河；2—圣博纳德密西西比河；3—波河；4—多瑙河；5—育空河；6—马哈坎河；7—埃布罗河；8—尼罗河；9—奥里诺科河；10—尼日尔河；11—伯德金河；12—罗纳河；13—圣弗朗西斯科河；14—科珀河；15—鸭绿江；16—科罗拉多河；17—弗莱河；18—恒河；19—巴生—郎加

表2-1 不同类型三角洲的主要沉积特征

特征	河控	浪控	潮控
形态	伸长状—朵状	弓形	河口状—不规则
河道类型	直的—弯曲的分流	曲流—分流	直张开的—弯曲的分流
总成分	沙质至混合质	沙质	可变
格架相	河沙及分支流河口沙坝，三角洲前缘席状沙	海岸障壁和海滩脊沙	湾口湾充填和潮汐沙坝
格架走向	平行于沉积斜坡	平行于沉积走向	平行于沉积斜坡

河控三角洲是最常见的三角洲类型，其厚度巨大、面积广泛，故称为建设型三角洲。在地质历史中能保存下来和识别出的三角洲，多属此种类型。

三角洲是一个包括多种沉积环境的沉积体系（图2-6）。所谓沉积体系，指在成因上有联系的几种沉积环境的统一体。三角洲可以划分为3种沉积亚环境：三角洲平原、三角洲前缘和前三角洲。

一、三角洲平原

三角洲平原是三角洲陆上为主的部分，它与河流体系的分界从河流大量分岔处开始的。三角洲平原包括分支流河道、天然堤、决口扇、沼泽、湖泊和分支间湾等。其中最主要的是分支流河道沙沉积与沼泽的泥炭或褐煤沉积。二者的共生是三角洲平原沉积的典型特征。

1. 分支流河道沉积

分支流河道是三角洲平原的格架部分，形成三角洲的大量泥沙都是通过它们搬运至三角洲前缘的河口处沉积下来。分支流河道沉积具有一般河道沉积的特征，即以沙质沉积为主及向上逐渐变细的层序特征（二元结构）。一般底部为中、细粒沙，常含泥砾、植物干茎等残留沉积物。向上变为粉沙、泥质粉沙及粉沙质泥等。沙质层具有槽状或板状交错层理和波状交错层理，其规模向上变小。其底界与下伏岩层常呈冲刷侵蚀接触。

2. 天然堤沉积

三角洲平原的天然堤与河流的天然堤相似。它们位于分支流河道的两旁，向河道方向一侧较陡，向外一侧较缓。由洪水期携带泥沙漫出河道淤积而成。以粉沙和粉沙质黏土为主，而且，由河道向两侧变细和变薄。水平层理和波状交错层理发育。水流波痕、植屑、植茎、植根和潜穴等较常见，有时见有雨痕和干裂等暴露构造。

3. 决口扇沉积

三角洲的天然堤稳定性较差，它们在河流中下游更为发育，而且有的面积较大。

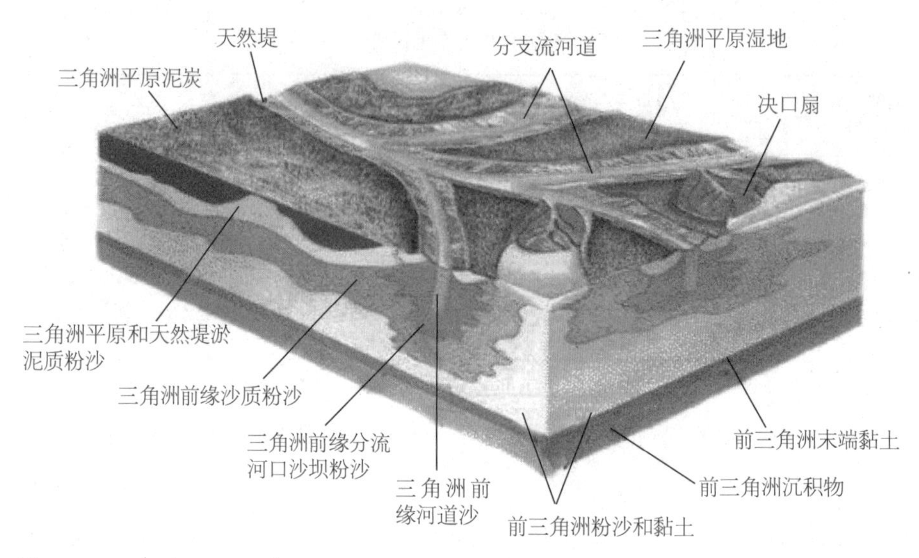

图2-6　三角洲沉积环境

——地学知识窗——

沉积环境

地球表面划分为不同的地理单元，如山脉、平原、河流、湖泊、沙漠、海洋等，这是自然地理环境单元（地貌单元）。沉积学上将研究沉积物沉积时间的自然地理环境称为沉积环境。沉积环境是一个发生沉积作用的，具有独特的物理、化学和生物条件的地理单元。

4. 沼泽和泥沼沉积

沼泽沉积在三角洲平原上分布最广，约占三角洲平原面积的90%。它们具有一般沼泽所具有的特征。这种沼泽的表面接近于平均高潮面，是一个周期性被水淹没的低洼地区，其水体性质主要为淡水或半咸水。这种沼泽中植物繁茂，均为芦苇及其他草本植物，为一停滞的弱还原或还原环境。其岩性主要为暗色有机质泥岩、泥炭或褐煤沉积。常见的有块状层理和水平层理。

5. 分支间湾沉积

分支间湾位于分支流河道之间的（水下）凹陷地区，常与海域或湖相通。岩性主要为泥岩，夹少量透镜状的粉沙岩和细沙岩。水平层理发育，生物扰动强烈，偶见海相化石。当三角洲向海方向推进时，在分支流间湾地区可形成泥岩楔。这种泥岩楔在层序上往往向下渐变为前三角洲泥岩，向上逐渐变为富含有机质的沼泽沉积。

二、三角洲前缘

它是三角洲水下为主的部分，介于三角洲平原与前三角洲之间，位于分支流河道的前端（河口部分）。三角洲前缘是三角洲最活跃的沉积中心。从河流带来的沙、泥沉积物在河口与海洋结合的部位迅速地堆积。由于受到河流、波浪和潮汐的反复作用，沙泥经冲刷、簸扬和再分布，形成分选较好、质地较纯的沙质沉积集中带。这种沙体可构成良好的储集层。三角洲前缘可分为分支流河口沙坝、远沙坝、前缘席状沙、水下分支流河道和水下天然堤等。

分支流河口沙坝是由河流带来的沙泥物质在河口处因流速降低堆积而成的。其岩性主要由沙和粉沙组成，一般分选较好，质地较纯净，呈中层至厚层状；发育有楔状交错层理或"S"形前积纹理和水平层理；偶见水流波痕和波浪波痕等层面构造。

远沙坝位于河口沙坝前较远的部位。沉积物比河口沙坝细，主要由粉沙和少量黏土组成，以水平层理为主，但亦有波状交错层理和脉状—波状—透镜状层理。

前缘席状沙是由于三角洲前缘的河口沙坝经海水冲刷作用，使之再行分布于其侧翼而形成的薄而面积大的沙层。这种沙层分选好，质地较纯净，可成为极好的储集层。

三、前三角洲

前三角洲位于三角洲前缘的前方，是三角洲体系中分布最广、沉积最厚的地区。前三角洲的海底地貌为一平缓的斜坡。主要由暗灰色黏土和粉质黏土组成。主要为水平层理和块状层理，发育有生物扰动构造，含广盐度的化石，如介形虫、双壳类等。前三角洲的暗色泥质沉积物富含有机质，而且其沉积速度和埋藏速度较快，有利于有机质转化为油气，可成为良好的生油层。

综上所述，三角洲沉积体系在平面上由陆地向海方向依次为三角洲平原（三角洲的陆上部分，主要由分支河流和沼泽组成）、三角洲前缘（三角洲的水下部分，主要由河口沙坝和远沙坝组成）、前三角洲环境（厚层泥质沉积），这三种环境平面上大致呈环带状分布。由于沉积环境的变化，其沉积物和生物特征也发生规律性的变化：从三角洲平原到前三角洲，其粒度由粗变细；植物碎屑和陆上生物化石减少，而海相生物化石增多；多种类型的交错层理变为较单一的水平层理。

Part 3 三角洲赞歌

面积宽广，开阔低平，土层深厚，土质肥沃，水网密布，资源富饶，工业先进，农业兴旺，经济发达，人口集中。生长的陆地，动植物乐园，人类聚宝盆，文明发祥地。

文明的发祥地

很多人类文明都是发祥于大江大河冲积而成的三角洲地带。三角洲地带位于大河的下游，河流从上游带来大量有机质丰富的泥沙，沉积于此，地势平坦，土地肥沃，气候温和，灌溉水源充足，利于农作物培植和生长，能够满足人们生存的基本需要。人们聚居于此，生产劳动，繁衍生息，进而也就孕育出悠久辉煌的人类文明。古代文明以农业文明为特征，农业是最主要的生产部门之一，也是这些地区国家形成和发展的经济基础。现在位于三角洲上的许多城市，也因为靠近大河流域和海洋，交通便利、资源丰富，呈现出一派繁荣景象。

——地学知识窗——

文明

文明是历史沉淀下来的，有益增强人类对客观世界的适应和认知、符合人类精神追求、能被绝大多数人认可和接受的人文精神、发明创造以及公序良俗的总和。

由于各种文明要素在时间和地域上的分布并不均匀，产生了具有明显区别的各种文明，具体来讲就是西方文明、阿拉伯文明、东方文明、印度文明四大文明，以及由多个文明交汇融合形成的俄罗斯文明、土耳其文明，大洋文明和东南亚文明等在某个文明要素上体现出独特性质的亚文明。汉语“文明”一词，最早出自《易经》，曰“见龙在田、天下文明。”(《易·乾·文言》)在现代汉语中，文明指一种社会进步状态，与“野蛮”一词相对立。“文明”与“文化”这两个词汇有含义相近的地方，也有不同。文化指一种存在方式，有文化意味着某种文明，但是没有文化并不意味着“野蛮”。汉语语境下的文明对行为和举止的要求高，对知识与技术的要求次之。

一、尼罗河三角洲与埃及文明

古埃及人用来描绘生命的符号，组合起来像一把钥匙，更像是埃及文明的分布图：笔直一条的是尼罗河，被分隔开的东、西部分象征“每一天的诞生和太阳的陨落”，而中间的“环”就是尼罗河三角洲。古埃及人称它为“kemet”，意思是“黑色的土地”。金黄的沙海覆盖着整个埃及大地，尼罗河犹如一条墨绿色的缎带纵穿而过，在入海处冲积出一片肥沃的绿洲。

尼罗河三角洲土地肥沃，人口密集，是古埃及文明的发源地。古埃及文明产生于约公元前3000年。埃及位于亚非大陆交界地区，在与苏美尔人的贸易交往中，深受激励，形成了富有自己特色的文明。尼罗河流域与两河流域不同，它的西面是利比亚沙漠，东面是阿拉伯沙漠，南面是努比亚沙漠和飞流直泻的大瀑布，北面是三角洲地区没有港湾的海岸。在这些自然屏障的怀抱中，古埃及人可以安全地栖息，无须遭受外族入侵所带来的恐惧与苦难。

古埃及的文字最初是单纯的象形文字，经过长期的演变，形成了由字母、音符和词组组成的复合象形文字体系（图3-1）。字母在公元前2500年至前1500年间出现。把声音变成字母这一巨大的进步是古埃及人完成的。这些字母由埃及人传给地中海东岸（今叙利亚境内）的腓尼基人。作为亚洲文化和欧洲文化中介的腓尼基人，把这些字母演变成真正的音标文字并传到古希腊。这一字母系统，后经希腊人增补元音字母而进一步完备，形成希腊字母。希腊字母又经过一些改进后传遍四方。字母是古埃及人留给西方文明乃至世界文明的重大文化遗产。现在在开罗可以看到的古埃及文字，多刻于金字塔、方尖碑、庙宇墙壁和棺椁等一些神圣的地方。

图3-1　古埃及象形文字

造纸术是中国古代四大发明之一，但在古代埃及也盛产一种植物——纸莎草，其茎干部切成薄的长条压平晒干，可以用作书写。大约在公元前3000年，古埃及人就开始使用莎草纸（图3-2）并将其出口到古希腊等古代地中海文明地区，甚至遥远的欧洲内陆和西亚。据说古埃及人将莎草纸称为“法老的财产”，表示法老拥有对莎草纸生产的垄断权。这种纸草文书有少数流传至今。

古埃及对天文学和数学所做的贡献足以和两河文明相媲美。他们创造了人类历史上最早的太阳历，把一年确定为365天。现在世界上通用的公历即来自于此。古埃及人很早就采用了十进制计数法，但仍然没有“零”的概念。他们的算术主要是加减法，乘除法化成加减法。埃及算术最具特色的是已经初步出现了分数的概念。在几何学方面，埃及人已知道圆面积的计算方法，但却没有圆周率的概念。他们还能计算矩形、三角形和梯形的面积，以及立方体、箱体和柱体的体积。

古埃及人制作的木乃伊（经过特殊处理的风干尸体，图3-3）与他们的金字塔一样举世闻名。制作木乃伊增长了埃及人的解剖知识，使他们的内科和外科相当发达。他们的医术分工也很细，据说每个医生只治一种病。

古埃及人最重要的精神生活是宗教。关心死亡，为来世（特别是国王的来世）做好物质准备，是埃及宗教信仰的主要特征。古埃及的木乃伊和金字塔（坟墓），都与这种宗教信仰有关。埃及人崇拜太阳神，特别在法老（图3-4）政权强化以后，埃及兴起了崇拜太阳神的一神运动。太阳神拉（Ra），后来又叫阿蒙（Ammon）-拉，是埃及的最高神，法老（国王）则被视为太阳神的化身。因此，

图3-2　古埃及莎草纸制作示意图

图3-3　古埃及木乃伊外观

图3-4　埃及法老像

法老始终被认为是神王，没有神圣的法老与世俗的法老之区别。法老既然作为神王，其权力也就被神化，他的话就是法律，因而埃及也就没有什么严密的法律制度。国家对经济生活的绝对控制也是埃及文明的显著特征。

金字塔是古埃及建筑艺术的典型代表，也是在国家控制下的埃及劳工最著名的集体劳动成果。金字塔是法老的陵墓，底座呈四方形，越往上越狭窄，至塔端成为尖顶，形似汉字“金”，故中文译为金字塔（图3-5）。在欧洲各国语言里，通常称之为“庇拉米斯”（如英文为pyramid），据说在古埃及文中“庇拉米斯”是“高”的意思。埃及共发现金字塔96座，近80座金字塔散布在尼罗河下游西岸，最大的就是开罗郊区吉萨的三座金字塔。吉萨离埃及首都开罗只有十多千米，其中包括第四王朝法老胡夫（约公元前2590~前2568年在位）的金字塔。除金字塔之外，埃及的神庙等建筑也颇为宏伟壮观。相比之下，埃及的人物雕像显得呆板冷漠，埃及的木乃伊文化令外人难以理解。总之，埃及文化的特点是神王合一，追求永恒，显得比较单一、稳定而保守。相对而言，埃及百姓的生活平庸而满足。与此相映的是，埃及工匠制造奢侈品的技术举世无双。埃及人最早发明了美容品，发展了制造美容品的技术。

开罗（图3-6）是尼罗河三角洲的顶点，是埃及首都及最大的城市，也是北非及阿拉伯世界最大的城市，横跨尼罗河，是整个中东地区的政治、经济、交通和商业中心。现代的开罗续写着古老的文明却仍然流淌着新鲜的血液，让人震撼于其辉煌的过去却又展示着时髦的现代面孔。开罗地处欧、亚、非三洲的交通枢纽位置，漫步街头，可见各种肤色的人。许多国际会议在此地召开，阿拉伯联盟的总部驻扎在此。开罗还有“千塔之城”的美称，现存清真寺250多座，宣礼塔上千座，其中有著名的艾资哈尔、艾克马尔清真寺等。

图3-5 埃及金字塔

图3-6 繁华的开罗城

开罗还是非洲唯一有地铁的城市，有著名的开罗大学、艾因舍姆斯大学和古埃及博物馆、图书馆等。郊外的荒漠、骆驼以及屹立在眼前的金字塔，仿佛把人带回到三四千年以前的法老时代。遍布街头的广告牌、招贴画和鳞次栉比的超级市场，又使人感受到强烈的现代气息。

二、多瑙河三角洲与达契亚文明

当巴比伦文明、埃及文明、中华文明等在东方闪闪发光的时候，欧洲还在沉睡之中。直到希腊和罗马国家的崛起，揭开了欧洲现代文明的序幕。之后，在亚欧民族大迁徙中，多瑙河流域成为世界文明从亚洲向欧洲转移的舞台，成为孕育多种文明繁衍发展与融合的摇篮。

在多瑙河两岸，人类文明的最初踪迹可以上溯到18万年以前。那时，现在诸多民族的祖先，或是在这里拓荒耕耘，或是到这里放牧迁徙，留下了初始文明的印迹。今天人们还能见到的文明遗存，已是公元前1万年以后的了。

大约在公元前2000年，由古老的印欧色雷斯诸族组成的群体，就在喀尔巴阡山—巴尔干—多瑙河—黑海一带活动。印欧人最初为游牧民族，发源于里海地区，以畜牧业为主，当他们发现有较为理想的地方时，便会用大牛车载着所有行李朝那里迁徙。他们中有一支自称达契亚人，即今天罗马尼亚人的直系祖先，在这里建立起独立的达契亚国，其鼎盛时期的布雷比斯塔国王，甚至与公元前1世纪后期古罗马帝国的凯撒大帝遥相辉映，都是那个时代的伟人。

达契亚人的文明已经达到较高水平，他们不仅掌握了初步的医学知识，制造出简单的医疗器具，而且对天文学、哲学、音乐都有研究。他们推崇的扎莫尔克西斯神，在丹麦人、西班牙人的神话传说中占有重要地位。可以说，古代达契亚文明是在希腊、罗马疆域之外的欧洲最先进的文明之一。

罗马尼亚的多布罗加（图3–7）坐落在多瑙河三角洲，从空中俯瞰，像是一个四周被水环绕的巨型城堡。2 600多年前，古希腊的商人开始拓展此地，700年后罗马人将其并入版图，因此多布罗加被称作是一个庞大的、天然的古希腊和罗马文物博物馆。横跨多瑙河的大桥把多布罗加和瓦拉西亚联系起来，这是在1895年创建的工程杰作。走在罗马人2 000年前修建的公路上，往日的遗迹在海滨上处处可见，历史的记忆随时会在你的身边跳跃闪现。最有代表性的是该地区的西斯特利阿城，它是罗马尼亚最古老的城市，公元前7世纪由黑海的一个海湾港口演变而来。

图3–7　罗马尼亚多布罗加一角

多布罗加的港口城市图尔恰是罗马尼亚著名的旅游胜地和造船中心。图尔恰在公元前7世纪时建立，古罗马诗人奥维德在他的著作《黑海来信》中也提到了这里。这里有公元前7世纪古希腊人所建的居民点。发生在公元前15年到公元前12年的战争结束后，罗马人占领了图尔恰，按照他们的计划、技术和建筑风格重新建设了这座城市。现存的城墙遗址和防御塔楼是罗马人建设后留下的证据。图尔恰是格奥尔吉·格奥尔吉斯库音乐大赛的举办地，以在图尔恰附近出生、在罗马尼亚古典音乐发展史上有重要地位的指挥家格奥尔吉·格奥尔吉斯库（1887~1964）的名字命名。

三、尼日尔河三角洲与西非文明

尼日尔河孕育了灿烂的西非文明，尼日尔共和国的首都尼亚美就坐落在河边。荒芜的沙漠边缘，尼日尔河迈着轻盈的步伐横穿而下，哺育着世世代代在河岸居住的非洲人。尼日尔阿是西非文明的摇篮，这里有着深厚的文化积淀和迷人的民族风情，班巴拉、马尔卡、博佐、苏尔科、颇尔和图阿雷格等部族的人们在这里和平相处，每到赶集的时候，身着不同民族服装的人们汇集在一起，交换着尼日尔河带给他们的不同财富。

马里是西非的文明古国，历史上曾是非洲第一个统一的黑人王国——马里帝国的中心。在马里中部尼日尔河内三角洲最南端，举世闻名的杰内大清真寺坐落在被世人美誉为“尼日尔河谷的宝石”的杰内古城（图3-8）中。杰内古城以光辉灿烂的伊斯兰文化和盛极一时的摩尔式建筑闻名于世。有资料显示，这个地区自公元前250年开始有人居住，杰内古城正式建立于765年（另有资料认为它建立于公元800年）。从9世纪或10世纪开始，杰内古城在黄金贸易以及苏丹地区其他商品贸易中发挥了重要作用。杰内大清真寺是非洲最著名的地标之一，1907~1909年按15世纪苏丹建筑风格重建，高11 m、周长56 m，建筑面积达3 025 m^2。整个建筑建造时没有用一砖一石，而是用一种特殊的黏土和棕榈树枝为骨架。重建的清真寺被视为非洲建筑史上的一大杰作，也是西非伊斯兰教的象征。作为一座著名历史文化古城，杰内古城为研究西非早期的水稻种植、青铜器和铁器的使用以及伊斯兰教在西非地区的形成和发展提供了极为珍贵的资料。1988年，根据文化遗产遴选标准C（Ⅲ）（Ⅳ），杰内古城被列入“世界遗产目录”。市内沟渠纵横，小桥卧波，流水潺潺，各式建筑掩映在高大挺拔、郁郁葱葱

图3-8　“尼日尔河谷的宝石”——杰内古城

的芒果树丛中。著名的摩尔式建筑散落在市区各处，使整个城市显得别致典雅，古风浓厚。

坐落在尼日尔河三角洲西端的历史名城贝宁城（图3–9），文化事业发达，名胜古迹众多，自然风光优美。贝宁城建于公元9世纪，曾经是古代西非强大的贝宁王国的都城，是当时非洲发达的经济和文化中心。贝宁王国是一个非洲人王国，著名的贝宁文化便产生在这里。从公元13世纪起，贝宁的青铜雕刻变成了一种宫廷艺术，作品开始出现在贝宁城的宫廷梁柱上，有小雕像、人头雕像和浮雕等，以后逐渐用来装饰宫殿大厅和回廊。贝宁文化在世界文化史上享有很高的地位，有人认为可以同意大利文艺复兴时期的青铜艺术品相媲美。贝宁文化的杰出代表除青铜雕刻外，还有象牙雕刻、木雕等。贝宁城还以传统的铜器制造业而闻名。贝宁城现在是本代尔州首府，尼日利亚南部工商业和文化中心之一，依然保留着浓厚的历史古城风貌。贝宁城内名胜古迹众多，最著名的是贝宁王宫。贝宁王宫又称奥巴宫，始建于公元10世纪左右，迄今保存完好。

四、恒河三角洲与印度文明

印度是世界四大文明策源地之一。公元前1500年至前1200年，雅利安人迁入，带来了雅利安文化，成为印度教以及印度文学、哲学和艺术的源头，开启了恒河三角洲文明。

图3–9　历史名城贝宁一角

位于印度东部恒河三角洲地区的加尔各答，在2 000年前已经有人居住。莫卧儿王朝阿克巴大帝的租册和孟加拉语诗人比普拉达斯的作品《摩纳娑颂》中都提到加尔各答的名字。加尔各答（图3-10）是印度西孟加拉邦首府，属印度第三大大都会区（仅次于孟买和新德里）和印度第四大城市。在殖民地时期，从1772年直到1911年的140年间，加尔各答一直是英属印度的首都。在这期间，该市一直是印度近代教育、科学、文化和政治的中心，迄今仍然保存有大量当时的维多利亚风格建筑。加尔各答还是一个拥有独特社会政治文化的城市，以其从印度独立运动到左翼和工会运动的革命历史著称。

加尔各答是印度现代文学和艺术思想的诞生地，对于文学艺术趋向于持有特别的欣赏口味，并有着欢迎新来天才的传统，这使得它成为“狂野创造力之城”。

加尔各答传统的戏剧形式有jatra（一种印度民间戏剧）、戏剧和团体戏剧。该市还以其孟加拉语电影业（称为“托莱坞”，Tollywood）以及艺术电影著称。它有长期的电影制作传统，有许多著名导演。罗宾德拉纳特·泰戈尔等众多文学家则为该市留下了丰富多彩的文学传统。

加尔各答拥有许多哥特式建筑、巴洛克建筑、罗曼式建筑、东方式和印度—伊斯兰建筑（包括莫卧儿建筑，图3-11）。加尔各答经常被称为“宫殿之城”，因为这里的殖民地建筑星罗棋布，这一时期的一些主要建筑保存完好，其中有些被宣布为“遗产建筑”。印度博物馆成立于1814年，是亚洲最古老的博物馆，

图3-10 加尔各答风貌

收藏有自然和印度艺术方面的大量藏品。维多利亚纪念堂是加尔各答主要的观光景点之一，有一个展示该市历史的博物馆（图3-12）。印度国家图书馆是印度最好的公共图书馆。加尔各答美术学院和其他美术馆都定期举办美术展览。

图3-11 加尔各答建筑

图3-12 加尔各答博物馆

五、黄河三角洲与齐鲁文明

黄河是古代中国人的主要集中居住地，历史上著名的黄帝出生在黄河流域中游即黄土高原，而蚩尤部落在黄河流域下游，黄帝打败蚩尤，统一了黄河流域，继而衍生了华夏文明。著名历史学家李学勤认为，先秦时期中央政权诞生在黄河流域，而中国文字也产生在黄河流域。五帝以来，黄河文明始终处于中华文明的中心。郑州大学历史学院安国楼提出，在中国形成的众多地域文明中，产生、发展于黄河流域的文明虽然不等同于中华文明，但却是中华文明的主体部分和集中体现。

黄河孕育了华夏文明，同时黄河三角洲也孕育了古老的齐鲁文明。在黄河三角洲，包括地上和地下，有着众多的文化遗址和文物遗存。黄河三角洲上东营市南部地域远在新石器时代中晚期就有人类居住，新石器时代的滨州、东营古文化遗存主要包括滨城区卧佛台遗址，惠民大郭遗址，邹平丁公遗址、鲍家遗址，博兴利城遗址、曹家遗址、村高遗址，阳信小韩遗址，广饶傅家遗址等。据出土文物考证，傅家、营子等遗址属于大汶口文化和龙山文化。魏晋南北朝隋唐时代，宗教盛行，黄河流域出现了大量的佛寺与佛造像，如广饶普救寺，惠民玉林寺，博兴华龙寺、兴国寺、般若寺，无棣海丰塔等。造像多为碑形，且都装饰华丽，雕工洗练细腻，表明当时佛教文化高度发达。位于滨州的魏氏庄园是我国北方现存唯一的城堡式建筑，是晚清时期集商人、地主、官僚为一体的魏氏家族宅邸，与四川大邑的刘氏庄园、山东栖霞的牟氏庄园并称“中国三大庄园”。这座古老的庄园包含了丰富的建筑文化、民俗事象、兵学文化、历史信息，是农耕文明智慧的结晶。

六、长江三角洲与河姆渡文化

长江三角洲有河姆渡文化遗址，河姆渡文化是中国长江流域下游地区古老而多姿的新石器时代文化。

河姆渡文化遗址最早于1973年被发现，并分别于1973~1974和1977~1978年经两次发掘。黑陶是河姆渡陶器的一大特色。在建筑方面，遗址中发现大量干栏式建筑的遗迹（图3-13）。

河姆渡文化时期的骨器制作比较先进，有耜、鱼镖、镞、哨、匕、锥、锯形

图3-13　河姆渡干栏式建筑

器等器物，经精心磨制而成，一些有柄骨匕、骨笄上雕刻有花纹或双头连体鸟纹图案，就像是精美绝伦的实用工艺品。在众多的出土文物或遗存中，最重要的是大量人工栽培的稻谷遗迹，这是目前世界上最古老、最丰富的稻作文化遗址。它的发现，不但改变了中国栽培水稻从印度引进的传统认识，许多考古学者还依此认为河姆渡可能是中国乃至世界稻作文化的最早发源地。

河姆渡文化的农具中最具代表性的是耒耜。河姆渡文化的建筑主要是栽桩架板高于地面的干栏式建筑。干栏式建筑是中国长江以南区域新石器时代以来重要建筑形式之一，目前以河姆渡文化中的发现是为最早。它与北方地区同时期的半地穴房屋有着明显差别，成为当时最具有代表性的建筑特征。长江下游地区的新石器文化同样是中华文明的重要渊薮，它是代表中国古代文明发展趋势的另一条主线。

七、珠江三角洲与海上丝绸之路

海上丝绸之路是陆上丝绸之路的延伸，又称为香料之路、陶瓷之路。汉代“海上丝绸之路”始发港是徐闻古港，但从公元3世纪30年代起，广州取代徐闻、合浦，成为海上丝绸之路的主港。宋末至元代时，泉州超越广州，与埃及的亚历山大港并称为“世界第一大港”。明初海禁，加之战乱影响，泉州港逐渐衰落，漳州月港兴起。

西汉时期，中国商人已经开始购买产自东南亚、南亚地区的奇石。明代皇室、贵族大量使用红宝石、蓝宝石等彩色宝石作为冠冕、腰带或者器具上的装饰物，宝石和黄金自郑和时代开始就是从海外购入的重要货品。随着航海家对海洋环境和航路认识的逐渐加深，中国出现了《郑和航海图》等记录中国至东南亚、东非航海路线的地图。海上丝绸之路贸易的发展，促进了明代的造船和航海技术。

海上丝绸之路不仅是古代中外贸易的线路，也是一条宗教文化传播交流的通道。海上贸易机遇与风险并存，航海者往往希望通过祈求神灵保佑来趋吉避凶。广东、福建沿海地区建有众多庙宇，供奉着不同的神明，其中著名的崇拜神祇 南海神、妈祖和观音等。南海神庙坐落在广州市黄埔区庙头村，是我国古代重要的祭海场所，也是我国现存规模最大、保存最完整的四海神庙和海上丝绸之路的历史见证。

富饶的三角洲

世界上的三角洲都与大江大河密切相关，大江大河昼夜不停地奔流与冲刷，造就了肥沃的平原三角洲。这里水土、石油、海洋、生物等资源极为丰富。

一、富饶肥美的水土资源

世界上大多数三角洲一般都拥有水土资源优势，即具有平坦的、易于开发的土地和便于利用的水源。

尼罗河三角洲几乎每年都会收到“尼罗河的赠礼”。每年尼罗河河水泛滥，给三角洲披上一层厚厚的淤泥，使土地极其肥沃，加上气候炎热干燥，光照强，水源充足，那里的庄稼可以一年三熟。希罗多德这样记载：“那里的农夫只需等河水自行泛滥出来，流到田地上灌溉，灌溉后再退回河床，然后每个人把种子撒在自己的土地上，叫猪上去踏进这些种子，以后便只是等待收获了。”尼罗河三角洲河网纵横，渠道密布，灌溉农业发达，人口密集，集中了埃及全国三分之二的耕地和近一半的人口，是世界长绒棉的主要产地。没有尼罗河三角洲，埃及就少了一个大粮仓，食物供应链必将发生断裂，因为埃及

图3-14　尼罗河三角洲农业

农作物，包括小麦、大米、长绒棉、香蕉、橘子、甘蔗等，一半都产自尼罗河三角洲。

恒河三角洲有“绿色三角洲”之称，是孟加拉国与印度重要的农业区，也是世界黄麻的最大产区，是南亚次大陆水稻、小麦、玉米、黄麻、甘蔗等作物的重要种植区。尽管面临季风引发的洪水、从喜马拉雅山脉奔流而下的冰雪融水以及可怕的热带气旋等危险，恒河三角洲还是供养着超过3亿的人口，成为世界上人口最稠密的大河流域。大约三分之二的孟加拉人从事农业，在三角洲肥沃的泛滥平原上种植农作物。

湄公河三角洲包括越南南部的大部分，是越南南方最大的平原和鱼米之乡，是越南最富庶、人口最密集的地方，也是东南亚地区最大的平原。

伊洛瓦底江三角洲是缅甸历史、文化与经济的中心地带，为缅甸最重要的农业区，三角洲中盛产稻谷，年产大米1 130万t，出口40万t，出口量占世界大米出口量的1.5%。这里以种植水稻为主，是缅甸全国稻米的第一中心，享有“缅甸谷仓”之盛誉。全国有耕地240多万hm^2，其中水稻种植面积为230多万hm^2，而三角洲则几乎占缅甸全国水稻种植面积的一半。大米是缅甸人民的主要食品和出口商品，也是缅甸的主要外汇来源之一。第二次世界大战以前，缅甸是世界稻米出口最多的国家，约提供世界稻米总贸易量的40%，故有“稻米国”之称。二战后，缅甸稻谷生产发展较快，目前年产量已达1 400万t，相当于战前年平均产量的2倍。但因国内需求量增加更快，出口减少。

黄河三角洲是我国目前人均土地占有量较高、土地资源开发潜力较大的地区之一，人均占有土地面积0.48 hm^2。虽然近年来工业用地日趋扩大，但这里未开垦的荒地资源达17.25万 hm^2，未充分利用的草场4.42万 hm^2、滩涂10.19 hm^2。同时，每年黄河平均年填海造陆2 600 hm^2，可以不断提供后备的土地资源。

二、丰盈富足的矿产资源

三角洲一般都拥有丰富的矿产和水利资源。因为特定的沉积物特点和沉积环境，许多三角洲及其外缘的浅海成为现实重要的或具有良好前景的石油、天然气产区。

尼日尔河三角洲蕴藏着丰富的矿产资

源，以石油资源最为丰富，20世纪50年代后迅速成为重要的石油产区。尼日利亚是非洲最大的产油国，有哈科特港、萨佩莱等重要城市和港口。

美国17%~19%的石油产量来自密西西比河三角洲。

缅甸是盛产石油的国家。目前，缅甸全国原油产量已超过1 100万桶，除满足国内需要外，还能少量出口。伊洛瓦底江中、下游谷地是缅甸石油的主要产地，全国油田和炼油厂大都分布在伊洛瓦底江沿岸。这些油田生产的石油大部分也是通过伊洛瓦底江水路输送到炼油厂。

在西伯利亚大河中勒拿河开发程度最差。流域内森林、煤、天然气、铁、金、金刚石、岩盐等资源丰富。水力资源约有4 000万kW，但仅在支流上建有马马卡斯克和维柳伊斯克水电站等。维京河与奥廖克马河的河沙中有金矿。

奥利诺科河三角洲富有石油、铁、铝土等矿藏。在玻利瓦尔山和埃尔帕奥有含铁量高的铁矿石；其他矿物有锰、镍、钒、铝、铬等，此外还有金和钻石。在委内瑞拉的拉诺斯和奥利诺科河三角洲已开采出石油和天然气。

黄河三角洲地区蕴藏着丰富的油气资源。黄河三角洲的油气开采始于1964年，在发现胜坨油田以后，通过一系列会战，相继有东辛、广利、现河庄、王家岗、孤岛、滨南、纯化、渤南、呈东、临盘、孤东等几十个油气田投入开发。主要集中在三角洲地带的济阳大凹陷和潍北

——地学知识窗——

矿产资源

矿产资源指经过地质成矿作用而形成的、埋藏于地下或出露于地表，并具有开发利用价值的矿物或有用元素的集合体。矿产资源是重要的自然资源，它经过几千万甚至几亿年的变化才形成，是社会生产发展的重要物质基础，现代社会人们的生产和生活都离不开矿产资源。矿产资源属于不可再生资源，其储量是有限的。目前世界已知的矿产有160多种，其中80多种应用较广泛。按其特点和用途，矿产资源通常分为能源矿产、金属矿产、非金属矿产、水气矿产四大类。

凹陷区，面积约3.7万 km^2。同时，在渤海湾和莱州湾也发现丰富的海底石油资源。黄河三角洲是胜利油田的重要含油气区，集中了胜利油田80%的石油地质储量和85%的石油产量。目前，在黄河三角洲及附近海域共发现油田41个，探明含油面积1 148 km^2，石油地质储量几十亿吨。目前，东营市共有大型油田8个，中型油田30个，小型油田3个，胜利油田已经发展成为中国第二大石油工业基地。黄河三角洲富藏盐卤资源。据初步估计，盐矿面积600 km^2，地质储量约6 000亿t，氯化钠含量在90%以上。在盐矿上部及四周还蕴藏着丰富的地下卤水资源，矿床面积800 km^2，矿化度150~250 g/L，含盐量比海水高4~7倍，卤水静储量35亿m^3，卤水单层厚度8~20 m，而且大部分卤水发育在油气层下部。利用现有油井设施对卤水进行开采可以节约设备投资，达200万~500万元/井。天然卤水中碘的含量一般在15~20 mg/L，锂的含量一般在16~40 mg/L，溴的含量在100~250 mg/L，这三种元素已经达到国家单独开采的工业品位（图3-15）。

图3-15 盐卤开采企业一角

东营市的地热资源发现于石油勘探过程中，曾打出十几口水温大于50℃的地热井，其中的桩12地热井孔口水温达98℃，为全国之最。据胜利油田综合资料，黄河三角洲地处地热异常区带，地下热水储量丰富、储热值高，是仅次于石油、天然气资源的第二大能源矿产，但目前的地热利用还处于起步阶段，区内现有热水井18口，主要用于油田生产用水。广利油田打了3口专用热水井，建立了罗非鱼越冬保种基地，另外，还建立了两处温泉疗养院，即孤岛温泉疗养院和天鹅温泉疗养院。

长江三角洲的矿产资源主要分布于江苏、浙江两省，其中，江苏的矿产资源相对丰富，有煤炭、石油、天然气等能源矿产和大量的非金属矿产，另有一定数量的金属矿产；浙江的矿产资源以非金属矿产为主，多用于建筑材料的生产等。上海矿产资源相当贫乏，基本无一次常规能源，所需的能源都要靠其他省市支援。但是，上海具有一定数量和较高质量的二次能源生产产能，产品主要是电力、石油油品、焦煤和煤气（包括液化石油气）。本区域其他可以利用开发的能源还有沼气、风能、潮汐及太阳能。

珠江三角洲的优势矿产资源是非金属矿产资源，主要有高岭土、石灰岩、膨润土、硅质原料、石膏、萤石、大理岩和砂石等。珠江三角洲还有较丰富的能源矿产，其中最多的是泥炭，其次是优质的地热水、褐煤；而金属矿产资源主要有铷、褐钛铌矿、独居石、富锆石和磷钛矿等。

三、充满活力的经济引擎

三角洲往往人口和产业集聚，以港口为中心的城市发达，不少三角洲成为其所在国家或地区的重要经济区甚至是经济核心区，占有经济上的优势。

19世纪时，尼罗河三角洲因战争破坏致使经济处于萧条时期；20世纪后，工业、金融业迅速发展起来。如今尼罗河三角洲的制造业十分发达，拥有最大的工业钢铁中心，纺织业、畜牧业也发展完善。以开罗为例，到目前为止，开罗的就业率高达92%，成为中东就业率以及生活水平最高的城市，伊斯兰大学也为其城市的繁荣发展提供了巨大支持。

密西西比河三角洲是美国国家文化以及休闲产业的集中地。每年在这里，仅旅游、捕鱼和娱乐休闲产业的产值就能达到惊人的214亿美元。同时，这里也支撑着该国的船运业，全国每年将近一半的谷物都经由密西西比河运出。

多瑙河三角洲的康斯坦察港由古希腊人建立，被浓郁的巴尔干半岛文化深深浸染，繁华而美丽，并逐渐发展成为多布罗加地区现代生活中心，也是罗马尼亚首屈一指的夏季旅游中心。这里还是罗马尼亚通往各大洲的重要门户和全国造船业中心之一，素有“黑海明珠”之称，全国超过一半的进出口货物都要通过这个港口吞吐。

长江三角洲是中国第一大经济区，是我国综合实力最强的经济中心、亚太地区重要国际门户、全球重要的先进制造业基地、我国率先跻身世界级城市群的地区，以上海为龙头的江苏、浙江经济带是中国经济发展速度最快、经济总量规模最大、最具有发展潜力的经济板块。长江三角洲快速集聚国际资本和民间资本，不仅规模越来越大，而且以其特有的活力强有力地推动着经济快速发展。在这片中国最富饶的土地上，充满活力的大型城市群正在不断崛起。“超级巨人”上海2014年国内生产总值位列中国第一；一批“小巨人”城市的国内生产总值都飞速增长。这里集中了近半数的中国经济百强县，有7个县市（区）进入前十位。这一经济巨人群，更直接吸引了众多世界级经济巨人的目光。世界500强企业已有400多家在这一地区落户，长江三角洲已变成一个吸引国际资本与技术的强大磁场。以上海为中心的中国长江三角洲城市群是国际公认的六大世界级城市群之一，上海都市圈致力于成为世界第一大都市圈。

珠江三角洲也是全国经济发展最迅速的地区之一。珠江三角洲地区经济最重要的特点是外向型。目前，珠江三角洲地区的国民生产总值约一半是通过国际贸易来实现的，外贸出口总额占全国的10%以上。不少企业的绝大部分产品供应国际市场。珠江三角洲城市发展日新月异，综合经济实力居全国前列的城市主要有广州、深圳、珠海等。改革开放以来，广州经济建设取得了显著成绩，工农业生产持续稳定增长，对外经济贸易蓬勃发展，综合经济实力居全国大城市第三位，已成为工业基础较雄厚、第三产业发达、国民经济综合协调发展的中心城市。深圳经过30多年的建设和发展，由一个昔日的边陲小镇发展成为具有一定国际影响力的新兴现代化城市，创造了举世瞩目的“深圳速度”，创造了世界城市化、工业化和现代化的奇迹。深圳是中国口岸最多和唯一拥有海、陆空口岸的城市，是中国与世界交往的主要门户之一，有着强劲的经济支撑与现代化的城市基础设施。深圳的城市综合竞争力列内地城市第一位。

在我国三大三角洲中，黄河三角洲被誉为我国“最具有开发潜力的三角洲”。黄河三角洲地区的发展已经上升为国家战略，成为国家区域协调发展战略的重要组成部分。黄河三角洲的中心城市东营市是“环渤海经济圈”与“半岛经济区”的门户地带。该市已经确定在约1 000 km^{2}的范围内，分别建设临港产业区、生态旅游区、生态渔业区、畜牧区、高端产业区五大区，并充分利用黄河水把东营建设成“黄河水城”。东营投资发展石油化工、石油装备制造、现代畜牧业，并与中海油签订了全面合作协议。同时，黄河旅游资源也得到了有效开发利用，生态旅游区被评为4A级景区。

四、丰富多样的动植物资源

三角洲地区极为丰富的动植物资源也会让你惊叹大自然的奇妙无穷。

多瑙河三角洲（图3-16）是欧、亚、非三洲候鸟的集散地，也是欧洲飞禽

图3-16　鸟类的天堂：多瑙河三角洲

和水鸟最多的地方，被称为鸟类的“天堂”。多瑙河三角洲有300多种鸟类，其中有176种在此繁殖。在多瑙河三角洲茂密的森林里和波光点点的湖面上，生活着各种各样的飞禽，有天鹅、金翅雀、热带的江鹤、来自北极的白顶鹅、来自中国的白鹭、来自西伯利亚的长尾猫头鹰、鹈鹕、野鸭、黑雁、秃头鹰、苍鹭等，以及世界上仅存的1万2千多对黑颈鸬鹚。多瑙河三角洲区域现已发现鲟鱼、鲈鱼等60多种鱼类，其中40多种是在多瑙河及其支流中土生土长的，其他为海鱼。有些鱼，如鲟鱼，产卵时逆流而上，到河的上游产卵，它们的卵可做鱼子酱；而有些鱼，如鳝鱼，则顺流而下到海中产卵。另外，多瑙河三角洲还生活着各种各样的龟类。因此，多瑙河三角洲被誉为“欧洲最大的地质、生物实验室”。

恒河三角洲周围森林之中栖息着大量珍禽异兽。在恒河三角洲生活的濒危动物有孟加拉虎、印度蟒、云豹、亚洲象和鳄鱼。在恒河三角洲的孙德尔本斯国家公园里，栖息着大约1 020只孟加拉虎和30 000头梅花鹿。在恒河三角洲生活的鸟类有翠鸟、鹰、山鹑、啄木鸟和知更鸟等。

尼日尔河三角洲河流中有多种鱼类，主要食用鱼有鲇、鲤和尖吻鲈。其他动物群有河马、鳄（至少有3种，包括十分可怕的尼罗鳄）以及各种蜥蜴。尼日尔河三角洲生活的鸟类很多，如鹅、鹭、鹳和鹈鹕等，体型较小的品种有环鸻、斑鸻、鹬、杓鹬等。

奥利诺科河三角洲大部分为红树林沼泽，经常出没的鸟超过1 000种，较突出的有红钟雀、伞鸟和许许多多的鹦鹉。鱼类也多种多样，有食肉的锯脂鲤、电鳗和一种可重达90 kg的鲇鱼。奥利诺科鳄鱼是世界上同类鳄鱼中最长的；奥利诺科河中还生活有凯门鳄和各种蛇，包括巨蚺。河中的沙洲上有一种大型侧颈龟，其龟甲可长达9.14 m。昆虫则有蝴蝶、甲虫、蚂蚁和善造冢巢的白蚁。此区域大部分的哺乳动物生活在溪边的树林里，而到草地上觅食。真正在草地上栖居的只有几种掘地洞而居的啮齿动物，其中包括现存最大的啮齿动物水豚。

在密西西比河及其冲积平原上共生存着将近400种不同的野生动物，北美地区接近40%的水生鸟类都沿着密西西比河迁徙。

勒拿河三角洲保护区是俄罗斯面积最大的野生动物保护区，是许多西伯利亚野生动物的重要避难所和生息地。

黄河三角洲（图3-17）是东北亚内陆、东亚至澳大利西亚和环西太平洋鸟类的重要越冬地、繁殖地和迁徙停歇地。由于其突出的地位和重要作用，黄河三角洲国家级自然保护区先后被批准加入“中国人与生物圈”“东亚至澳大利西亚涉禽保护区网络”“东北亚鹤类保护区网络”。迄今为止，黄河三角洲已发现并记录的鸟类种类多达367种。自然保护区内分布的各种野生动物达1 524种，其中，海洋性水生动物418种，属国家重点保护的有江豚、宽喙海豚、斑海豹、小须鲸、伪虎鲸；淡水鱼类108种，属国家重点保护的有达氏鲟、白鲟、松江鲈；鸟类265种，属国家一级保护的有丹顶鹤、白头鹤、白鹳、金雕、大鸨、中华秋沙鸭、白尾海雕等7种；属国家二级保护的有灰鹤、大天鹅、鸳鸯等33种。稀有鸟类黑嘴鸥在自然保护区内有较多分布，并于此做巢、产卵、繁衍生息。

图3-17　鸟类栖息地：黄河三角洲

大美的三角洲

三角洲一般位于大江大河下游，地理位置优越，生态类型独特。古老的江河哺育了土地上生灵万物的同时，也造就了一个又一个的奇迹。三角洲上或绿树葱郁，建筑若隐若现，或海水清澈碧绿，沙滩洁白无瑕。当我们伫立在旷野中，聆听耳畔啁啾鸟语、微风轻掠，宛若一曲天籁隐约传自天际，令人更感天高地远、水碧天蓝、心旷神怡。远离尘嚣的天堂近在咫尺，慵懒闲散的生活也近在咫尺，那是属于三角洲的别样景致。

一、壮丽的入海口

黄河入海口位于渤海与莱州湾交汇处，东营市垦利县黄河口镇境内，是1855年黄河由铜瓦厢决口改道夺大清河入海演变而成。黄河辗转万里，在这里汇入渤海。黄河挟带大量泥沙输至河口，年均造陆2 000 hm^2左右，“沧海桑田”的自然规律在这里得到真实展现。

“黄河之水天上来，奔流到海不复回。”黄河入海口雄浑壮阔、气象万千。乘船顺河而下，河面越来越宽，随处可见

图3-18　黄河入海口

大片新生地，就像是巨幅水墨画。留意观察，会发现这浑厚凝重的黄河，不是流淌，而是沉沉地通体向前推进。黄河两岸，植被种类层次分明。最高的是具有原始森林气势的大林场，中层是挺拔的芦苇，低层是葱茏青郁的牧草带。乘船继续前行，河海交汇处，恰如一条黄绿相间的飘带，把浑浊的河水与碧蓝的海水劈为两半，河黄海蓝，格外分明。登高俯瞰，黄色的河水犹如一条巨型黄舌伸入蔚蓝的大海，黄蓝泾渭分明，蔚为壮观。涨大潮时则又是一番景象：海潮溯源而上，汹涌澎湃；河水倾泻而下，咆哮奔腾，二龙争斗，搅作一团，声如雷鸣。此即黄河口美景“金涛海”。

黄河入海口的日出更是一番奇伟壮观的风景。当东方泛出鱼肚白，在天水吻合的地方，就会骤然飞出万道霞光，红彤彤、黄灿灿、紫莹莹，像撕裂的锦，像天铸的剑。数不尽的海鸥漫天飞舞着、鸣叫着，欢呼海上日出。太阳猛然钻出了水面，红中泛黄，圆润似玉。太阳渐渐升高，蔚蓝的长天更加高远，托浮着怀中的云和翅膀滑过的痕迹；碧海更加开阔，浮动着洁白的浪花和点点渔帆；息壤更加凝重，流淌着亘古不变的生命之河。

在黄河入海口北端的孤岛上，拥有华北地区最大的平原人工刺槐林。这超过13 000 hm^2的槐林、2 000 hm^2的柳林和国内罕见的天然柽柳林，锁住了昔日肆虐的风沙，挡住了北来的寒流，改善了黄河口地区的生态环境，并成为黄河三角洲美不胜收的景点。每年五月槐花飘香，洁白剔透。忽如一夜春风来，千树万树槐花开。放眼望去，遍树花蕾串串，雪白无瑕，浓香四溢，沁人心脾。风过处，绿浪浮动，百里飘香，林涛之声响彻云天。

望塔位于黄河入海口北岸，建于1993年，高近30 m，其外形像一艘扬帆起航的船，屹立于黄河口，意寓着共和国扬帆起航奔向21世纪的美好前景，也寄托着黄河口人希望祖国一帆风顺、繁荣昌盛的殷切意愿。登上望塔，遥望黄河口，黄河水劈开万顷碧波，奔流入海，让人荡气回肠，亲情顿生。党和国家领导人江泽民、朱镕基、温家宝等先后亲临黄河口，登上望塔，尽览黄河口美景。如今，望塔已经成为黄河口旅游区的一个显著标志。在望塔内，建有黄河文化馆，融沿黄九省市的特色文化于一体，令人回味无穷，赞叹不已。到黄河三角洲的游客都会登上望塔，尽赏“黄龙入海”的奇观，并在塔前留影，以示纪念。

黄河入海口还是著名的红色革命老区。1941年，八路军山东纵队三旅进驻当时的垦区，建立了垦利抗日根据地，当时著名的“八大组”就是现在的永安镇，老一辈革命家许世友、杨国夫都曾在这片土地上战斗过，垦区广大军民为抗日战争、解放战争的胜利做出了重要贡献。

二、最美的沼泽湿地

湿地（图3-19）被称为“地球之肾”，它不仅起到调节气候、保护生物多样性的作用，而且为众多珍稀、濒危鸟类栖息繁衍、迁徙越冬提供了优良的环境。

长江三角洲有江南最大的湿地风景区——下渚湖湿地，这里港湾交错，芦苇成片，水天一色，白鹭成群，至今仍完整地保存着自古以来就有的“三山浮水树，千巷划菰芦”“烟波横小艇，一片月明孤”的美妙景色。

黄河三角洲湿地是世界上暖温带保存最广阔、最完善、最年轻的湿地生态系统。黄河三角洲国家级自然保护区总面积为15.3万hm^2，其中，核心区面积7.9万hm^2，缓冲面积1.1万hm^2，实验区面积6.3万hm^2。该保护区是东北亚内陆和环西太平洋鸟类迁徙的重要“中转站、越冬栖息和繁殖地”，是全国最大的河口三角洲自然保护区，是世界范围内河口湿地生态系统中极具代表性的范例之一。

在这片黄河口的新淤地上，分布着现行清水沟流路黄河入海口区域和原刁口河

——地学知识窗——

湿地

按《国际湿地公约》定义，湿地（图3-19）系指“不问其为天然或人工、长久或暂时的沼泽地、湿原、泥炭地或水域地带，带有静止或流动的淡水、半咸水或咸水水体，包括低潮时水深不超过6 m的水域”。湿地是世界上生产力最高的环境之一，是生物多样性的摇篮。无数的动植物物种依靠湿地提供的水和初级生产力而生存。湿地养育了高度集中的鸟类、哺乳类、爬行类、两栖类、鱼类和无脊椎物种，也是植物遗传物质的重要储存地。地球上有三大生态系统，即森林、海洋、湿地，其中的湿地被称为“地球之肾”。

生物多样性

生物多样性指所有生物种类、种内遗传变异和它们的生存环境的总称。它包括所有不同种类的动物、植物和微生物及其所拥有的基因，以及它们与环境所组成的生态系统；更进一步地说，生物多样性包含生态系统的多样性、物种多样性和遗传多样性等多个层次。

图3-19　湿地

流路黄河入海口区域淤积形成的两大片地球暖温带地区最完整、最广阔、最年轻、最典型的新生湿地生态系统，总面积约为230 km^2。据不完全统计，常年在这里栖息的鸟类数量已经超过400万只，其中仅每年来此栖息、觅食的各类候鸟就超过100万只，这里几乎成了鸟的“王国”。

三、繁华悠久的海港

亚历山大是埃及的第二大城市，人口270多万，位于尼罗河三角洲西缘。它于公元前332年建城，是古代欧洲与东方贸易的中心和文化交流的枢纽，现已成为埃及的重要商港、工业中心和旅游胜地。面临地中海尼罗河多支的、现已干枯的入海口位于亚历山大港东19 km处，古城卡诺珀斯的遗迹就在那里。北端的法罗斯岛上，曾矗立着古代世界七大奇迹之一——法罗斯灯塔。公元1100年和1435年历经两次地震摇撼，灯塔已毁坏。现按原样复制的法罗斯灯塔仍吸引着世界各地的游客。亚历山大城市中心是塔里尔广场，东南是商业区，北面坐落着珍藏古文物的博物馆，另有收藏大量阿拉伯文和欧洲各种文字书籍的图书馆及艺术陈列馆。古代的亚历山大城以藏书丰富的亚历山大图书馆吸引了古代世界著名学者云集此地，从事各种科学研究。今日，该城仍有埃及著名的高等学府——亚历山大大学、纳赛尔学院以及设备精良的穆艾塞医院等。亚历山大是世界著名的棉花市场，也是埃及重要的纺织工业基地。此外，亚历山大造船、化肥、炼油等工业亦很发达。亚历山大港是地中海沿岸规模仅次于马赛港、热那亚港的大港。年吞吐量约2 000万t，埃及每年有80%~90%的外贸货物从这里吐纳。亚历山大城三面环水，气候凉爽，拥有风景独特的海滨大道，在长达26 km的海岸线上随处可见海水浴场。靠近海边有一座水族馆，每一位到亚历山大城的游客都会在这里留步观赏。

四、独特的民族风情

芹苴距离胡志明市170 km，位于湄公河三角洲中部，是湄公河三角洲上最大的城市，九龙江平原重要的政治、经济、文化中心，也是越南人口稠密、经济发达的地区。它拥有湄公河上最大的水上市场——采朗集市（图3-20）。

湄公河把最美的一段留给了越南。这里河网密布，乘一条小舟，徜徉在纵横交错的河渠，入眼是一望无际的稻田、四季飘香的果园。在这里，你可以欣赏改良乐曲，品尝热带水果的香甜和越南南部民间美食，感受越南南部的风土人情，您更加可以听到许多当地世代相传的民间故事，勾起翩翩联想。

图3-20　湄公河三角洲的水上市场

这里有水上水果食品市场和岸上水果批发市场，水果品种又多又便宜。水上市场类似于国内的蔬菜水果批发市场，这些祖祖辈辈生活在湄公河上的人们每天都驾着船运输、买卖货物，大船、小船、手划船，木船、铝船、铁船……应有尽有。水上市场最忙碌的时间是早上6点~8点，芹苴有两个水上市场，最大的是采朗市场，另一个稍微远一点的叫风协。水上市场的魅力在于它的原始和风情万种，乘坐传统的木船，伴随着日出游览。大量的波萝蜜、西瓜、芒果、香蕉、卷心菜、大蒜等，堆积在船上（图3-21）。湄公河的农夫们满载自家出产的水果、蔬菜、稻米，卖给大船上的买家，再由他们转售到各个城市。很多船只上都有竹竿，挂着香蕉或者火龙果，这就是船家们的广告牌，竹竿上挂着什么，就代表有什么出售。宽阔的河道中，许多戴着越南特色斗笠的姑娘在艇上叫卖水果，特具越南风情。

芹苴周围有很多榴莲园。自2005年，芹苴已从消费型城市变成了生产型城市。宁侨港船只来往繁忙。港区有较大的市场，交易的农产品包括水果、家禽、蛋品等。芹苴既是后江省的政治、经济、文化中心，同时也是越南南方西部的经济交流中心。芹苴市有茶诺电厂、芹苴大学和湄公河三角洲平原农业技术中心。芹苴的水陆空交通方便，1号公路从芹苴直通胡志明市，茶诺机场是一个大型机场，后江是水上重要通道。芹苴港甚至可以进出较大的海轮。

五、风景独特的水中之城

新奥尔良（图3-22）位于密西西比河三角洲。邮寄地址上“新奥尔良，路易斯安那州”的英文缩写为

图3-21 水上水果交易

图3-22 “新月城”新奥尔良

“NOLA”，因此，新奥尔良人亲切地将自己深爱的城市称作“诺拉”。新奥尔良这个美国大陆上最有特色的城市也确实如同一个独特的人一样，具有自己独一无二的性格脾气、精神风貌、品性灵魂。

赋格在《寻欢》中说“路易斯安那”的名字由波旁王朝的“太阳王”路易十四而来，而新奥尔良（La Nouvelle Orleans）得名于路易十五的摄政王奥尔良公爵。

新奥尔良建城于密西西比河口，分“上城”和“下城”，皆相对于密西西比河的流向：一个上游，一个下游。上、下城的道路大都平行于河流的走向，密西西比河拐了个大弯，道路便也跟着弯弯曲曲地如同扇面发散开来，故新奥尔良又得绰号“新月城”。

新奥尔良这座“新月城”的确是座水中之城。整个城市位于海平面以下3 m左右，北面是庞恰特雷恩湖，南面有密西西比河横穿过市，城中运河渠道众多，地形就如同一只碗，四周围以高高的河堤保护起来。每年6~10月的飓风季节，新奥尔良人都要密切关注飓风登陆的地点。一般飓风云团都是逆时针旋转，如果飓风登陆后风眼移动到庞恰特雷恩湖左边，风把湖水向湖北方吹走，新奥尔良就安然无事；可如果风眼在湖右边，那湖水就要倒灌进新奥尔良城了。

新奥尔良最有特色的建筑大多聚集在法国区老城（图3-23）。在西班牙统治新奥尔良的40年间，法国区的两场大火把法国老式建筑烧了个精光，尤以1788年那场最为惨重。法国区里的法式建筑都是木结构，若一家着火，火借风势迅速蔓延，再加上当时各家各户都备有弹药火枪，若不及时组织人力扑救，整个城市便会陷入火海之中。

如今法国区的街道非常狭窄，各家各户紧密相连，斑驳的老墙之上、二楼的雕花栏杆小阳台们常常被绿色的垂吊花草布满，一年四季都绚烂艳丽。比较张扬的住家，还要在这绿色中挂上花花绿绿的狂欢节珠子，再弄几个鸟兽塑像点缀在花草之间，有的还挂上几串风铃，这使本来就充满了浓郁热带气息的城市更凭空增添旖旎无数。而街边一楼的住户大门多用雕花的生铁防盗门保护着，窗户也时常被色彩鲜艳的木头板遮住。行人从街道上走过，会以为里面也是狭小密闭低矮的平房，眼睛只盯着那些装潢华美或者怪异的古董店、衣服店。殊不知，这法国区里最不可思议的华美景象，往往就藏在一面面最不起眼的砖墙后面 ——或是浮华艳丽的西班牙式豪宅，或是类似北京四合院一样的天井当院，内里奇花异草争芳斗艳，好一座秘密花园！

除了法国区，新奥尔良城中最有特色的建筑便是墓地。新奥尔良的墓葬与美国其他地方全然不同，个个都是地上“悬棺”。这倒不是因为新奥尔良人多么念旧，无法忘怀死者，所以给他们建筑了“死灵之城”，而是新奥尔良这片地方，地表下面就是沼泽，往下多挖几米，地下水就要倒灌，总不能把先人的躯体泡在水里吧！这一点上，新奥尔良的做法就与加勒比众多岛屿类似了。

图3-23 新奥尔良法国区老城一角

世界三角洲巡礼

地球上河流千姿百态，流域面积超过100 km^2的河流就有5万多条。世界上河流数量最多的国家是中国。世界大河的入海处大都发育有三角洲，河流是“三角洲之母”。除我国长江、黄河和珠江三大三角洲外，世界上其他著名的三角洲有多瑙河三角洲、恒河三角洲、尼罗河三角洲、湄公河三角洲、密西西比河三角洲、尼日尔河三角洲、勒拿河三角洲、伊洛瓦底江三角洲、奥里诺科河三角洲、伏尔加河三角洲等。

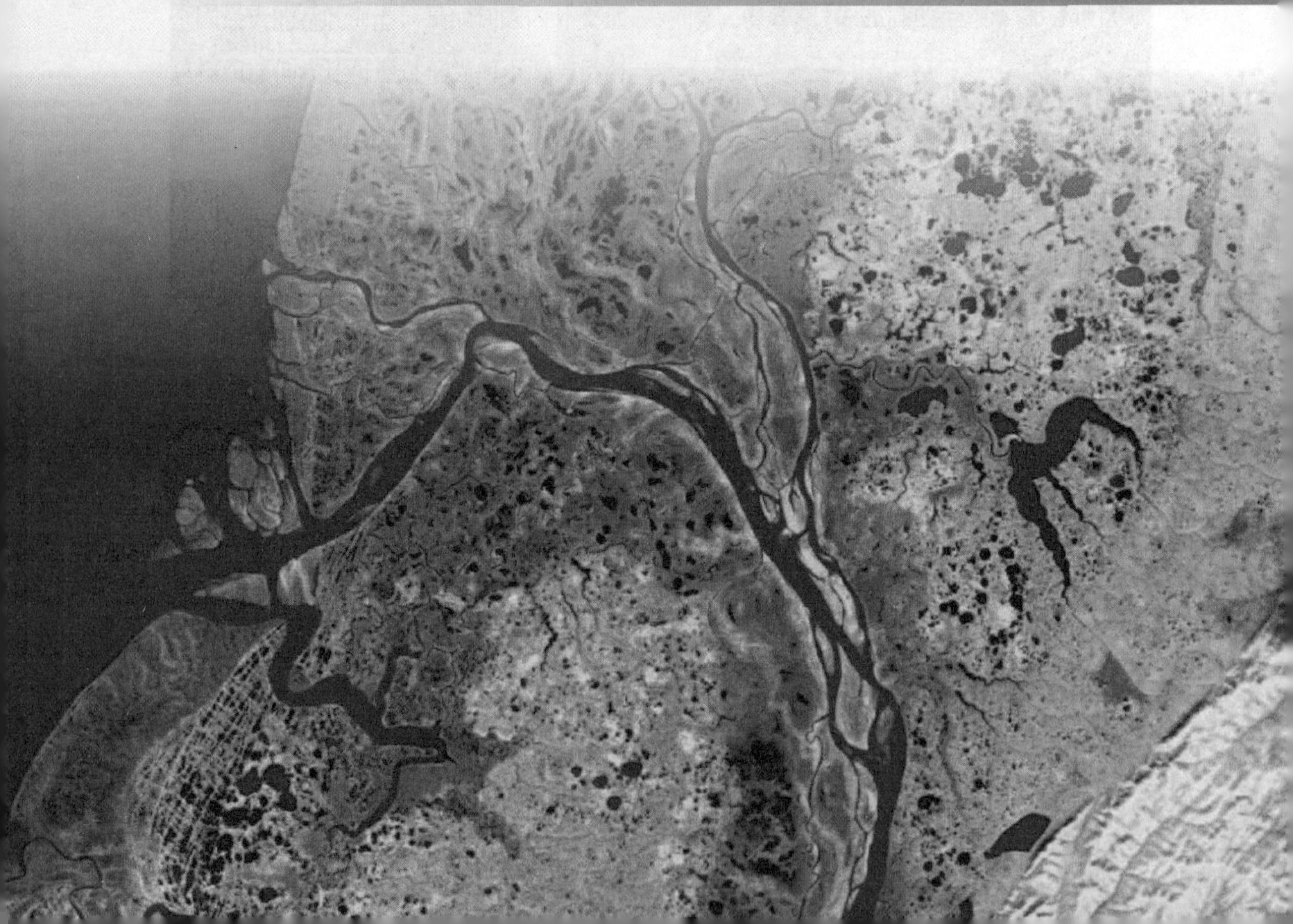

世界三角洲概述

河流是三角洲形成、发育的主要因素，可以说河流是“三角洲之母”。河流是陆地表面上经常或间歇有水流动的线形天然水道，是地球上水分循环的重要路径，对全球的物质、能量的传递与输送起着重要作用。河流流水还不断地改变着地表形态，形成不同的流水地貌，如冲沟、深切的峡谷、冲积扇、冲积平原及河口三角洲等。

地球上河流数量众多，千姿百态，流域面积超过100 km^{2}的就有5万多条，但地区分布不平衡、水文特征地区差异大。世界上河流数量最多的国家是中国。中国境内的河流，仅流域面积在1 000 km^{2}以上的就有1 500多条，超过100 km^{2}的有5 000余条。全国径流总量达27 000多亿m^3，相当于全球径流总量的5.8%。水是生命之源，没有河流就没有水源，没有水源就没有生命。

世界上著名的大江大河有30多条，分布在亚洲、非洲、欧洲（图4-1）、南美

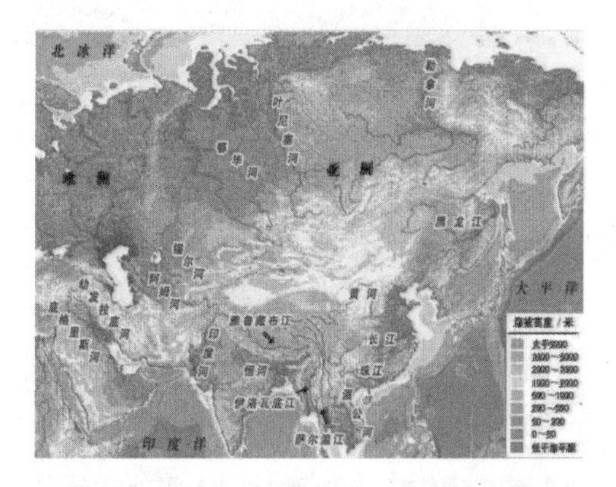

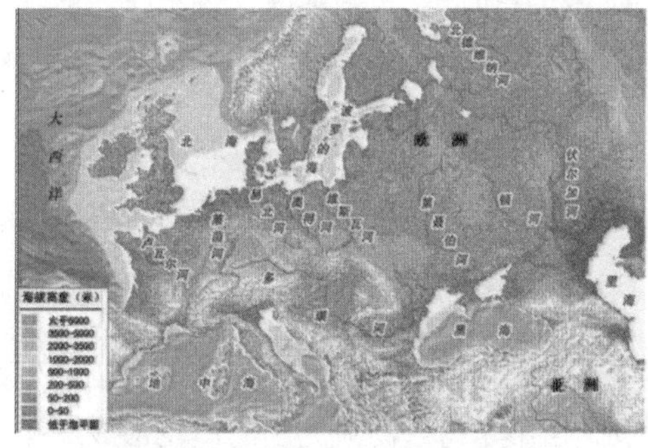

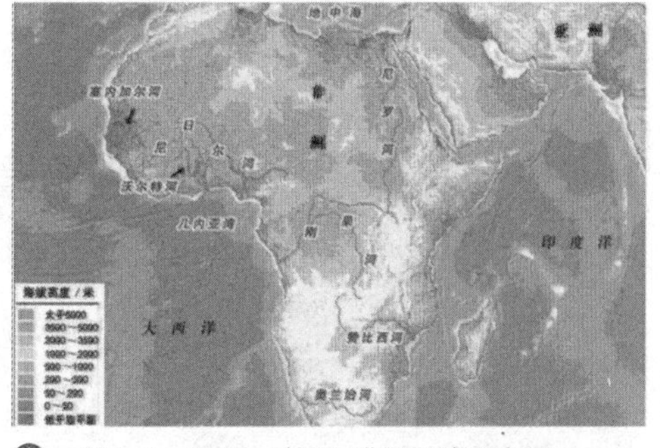

图4-1　亚洲、欧洲和非洲河流分布图

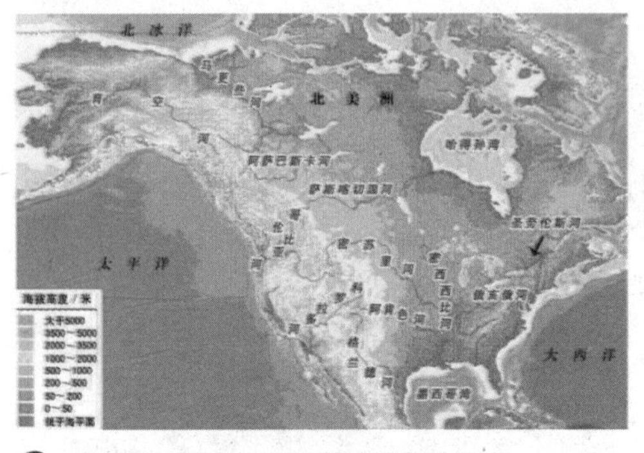

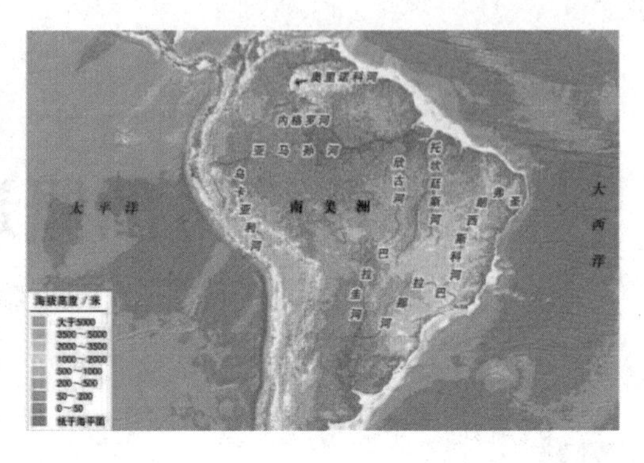

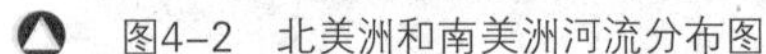
图4-2　北美洲和南美洲河流分布图

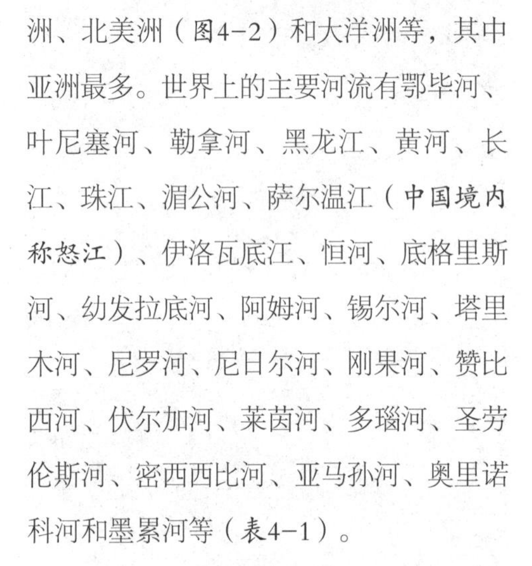

洲、北美洲（图4-2）和大洋洲等，其中亚洲最多。世界上的主要河流有鄂毕河、叶尼塞河、勒拿河、黑龙江、黄河、长江、珠江、湄公河、萨尔温江（中国境内称怒江）、伊洛瓦底江、恒河、底格里斯河、幼发拉底河、阿姆河、锡尔河、塔里木河、尼罗河、尼日尔河、刚果河、赞比西河、伏尔加河、莱茵河、多瑙河、圣劳伦斯河、密西西比河、亚马孙河、奥里诺科河和墨累河等（表4-1）。

大河的入海处大都发育有一个三角洲，但不是每条河流的出河口均形成三角洲。据不完全统计，全球有三角洲100多个，国外著名的十大三角洲包括：多瑙河三角洲，面积6 000 km^2；恒河三角洲（孟加拉国、印度），面积80 000 km^2；尼罗河三角洲（埃及），面积24 000 km^2；湄公河三角洲（柬埔寨、越南），面积44 000 km^2；密西西比河三角洲（美国），面积26 000 km^2；尼日尔河三角洲（尼日利亚），面积36 000 km^2；勒拿河三角洲（俄罗斯），面积30 000 km^2；伊洛瓦底江三角洲（缅甸），面积32 400 km^2；奥里诺科河三角洲（委内瑞拉），面积26 000 km^2；伏尔加河三角洲（俄罗斯），面积18 985 km^2。

——地学知识窗——

流域

每条河流或整个水系都从一定的陆地面积上获得补给水，这一集水区称为该河流或水系的流域。两相邻流域之间地面高程最高点的连线，就是这两个水系的分水岭。

表4-1　　世界主要河流一览表

洲名	河名	注入海洋	发源地	主要特征
亚洲	鄂毕河、叶尼塞河、勒拿河	北冰洋	蒙古高原北部，西伯利亚南部山地	以春季的冰雪融水补给为主，河流结冰期长，常在河流下游形成凌汛
	黑龙江、黄河、长江、珠江、湄公河	太平洋	亚洲中部的高原和山地	以降水补给为主，受季风影响较大，以秦岭-淮河为界，界南河流水量丰富，径流季节变化小，含沙量小，无结冰期；界北河流径流季节变化大，含沙量大，有结冰期。长江为中国最长的河流，黄河是世界上含沙量最大的河流
	萨尔温江、伊洛瓦底江、恒河、底格里斯河、幼发拉底河	印度洋	东南亚和南亚河流都源于青藏高原，西亚的河流源于亚美尼亚高原	东南亚和南亚的河流都以降水补给为主，受热带季风影响，水位变化很大；西亚的河流，流经干燥地区，水量不大，属于融雪和雨水补给的河流，春季水位最高，夏季水位低
	阿姆河、锡尔河、塔里木河	内陆沙漠或湖泊	亚洲中部的高山	以冰雪融水补给为主，夏季河流径流量最大，冬季最小，是流经区灌溉农业的主要水源
非洲	尼罗河	地中海	东非高原，青尼罗河源于埃塞俄比亚高原	世界最长的河流，白尼罗河水量稳定，青尼罗河水量变化大，夏季河水大增，造成尼罗河定期泛滥
	尼日尔河	几内亚湾	西非高原	上、下游在热带雨林区，水量较大；中游在沙漠地带，水量较小
	刚果河	大西洋	赞比亚北部高原	大小支流都处在热带雨林区，水量大，富水能，是世界水能资源最丰富的河流
	赞比西河	印度洋	隆达-加丹加高原	流经热带草原气候区，水量有季节变化

（续表）

洲名	河名	注入海洋	发源地	主要特征
欧洲	伏尔加河	黑海	东欧平原西部	欧洲最长的内流河，在俄罗斯水运中占重要地位
	莱茵河	大西洋	阿尔卑斯山	开发较充分，两岸居民点和工业城市密集
	多瑙河	黑海	阿尔卑斯山	水力资源丰富，以铁门电站著名
北美洲	圣劳伦斯河	大西洋	安大略湖	是五大湖的出水道，水位稳定
	密西西比河	墨西哥湾	美国北部	以春季融水和降水补给为主，航运价值大，有运河同五大湖相连
南美洲	亚马孙河	大西洋	安第斯山脉	以降水补给为主，流域面积和流量均居世界首位，航运便利
	奥里诺科河	大西洋	委内瑞拉和巴西交界的帕里马山脉	以降水补给为主
大洋洲	墨累河	印度洋	澳大利亚大分水岭西侧	雨季河水暴涨，枯水期常有断流现象

——地学知识窗——

河流

它是一种天然水流，由陆地一定区域内的地表水（包括大气降水、冰雪融水）及地下水所补给，并经常（周期性）沿着狭长的凹地流动。一般将较大的河流称为江、河、川，较小的河流称为溪、涧。由于流水的长期切割与冲刷作用，使得狭长凹地不断延长、加深、拓宽，从而使小溪变成小河，直至大河。每条河流都有河源、河口，其流程通常分为上游、中游和下游。

亚洲三角洲

除我国长江、黄河、珠江分别发育的三角洲外，亚洲大河发育的三角洲还有恒河三角洲、湄公河三角洲以及伊洛瓦底江三角洲。

一、恒河三角洲

1. 恒河

恒河源自喜马拉雅山南麓加姆尔的甘戈特力冰川，全长2 700 km，流域（图4-3）面积106万 km^2。恒河是印度北部的大河，自远古以来一直是印度教徒的圣河。印度是四大文明策源地之一，曾经创造了人类历史上著名的“恒河文明”。恒河这条世界名川被印度人民尊称为“圣河”和“印度的母亲”。恒河总流向是从北-西北至东南，在三角洲处，水流向南。恒河大部流程为宽阔、缓慢的水流，流经地区属世界上土壤最肥沃、人口最稠密的地区之一。恒河流经恒河平原，恒河

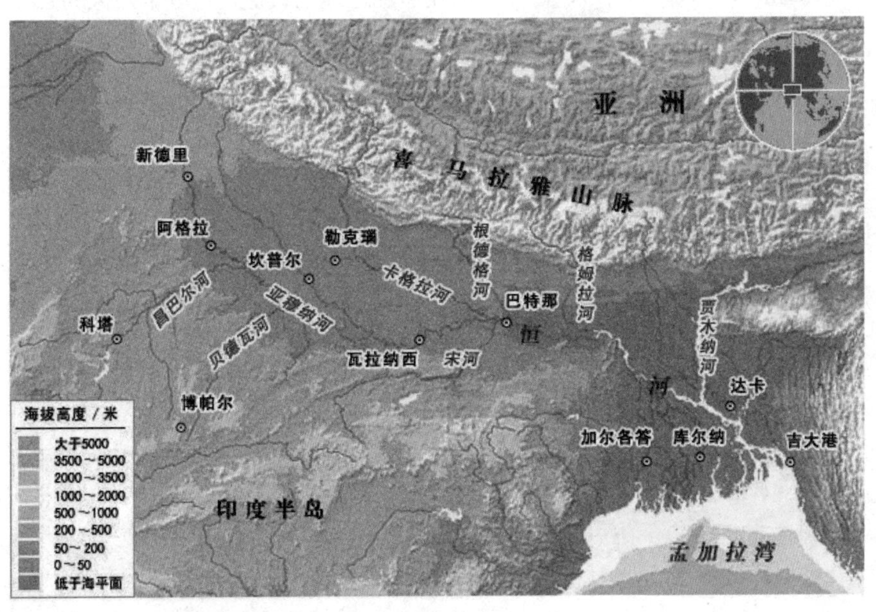

图4-3 恒河流域图

大部流经印度领土，不过其巨大的三角洲主要位于孟加拉国境内。

恒河源头至安拉阿巴德为上游，恒河的两个较大源头是阿勒格嫩达河和帕吉勒提河，两河上游奔腾于喜马拉雅山间，地势由 3 150 m 急降至300 m，急流汹涌。两河在代沃布勒亚格附近汇合后，才被称为恒河。当恒河流至安拉阿巴德时，海拔已降至120 m。上游河段以赫尔德瓦尔为界，以上的河段穿过西瓦利克山脉，河床多为岩石，河道狭窄，多急流；以下的河段进入平原，河面变宽，达0.76～3.3 km，泥沙淤积，河道两侧多沼泽和低洼地，雨季常改道。旱季时，流量为 200 m^3/s；雨季时，流量达 5 680 m^3/s。

安拉阿巴德至西孟加拉邦为恒河中游，此段恒河接纳了最大的支流朱木拿河，水量大增，河面变宽，体形弯曲，地势平坦。旱季时，河宽约 1 km；雨季时，河宽为 5～6 km。接着气势磅礴地流向印度教圣地瓦拉纳西，又集纳了许多支流，浩浩荡荡地奔向下游。

西孟加拉邦以下为恒河下游，入孟加拉国后，恒河被称为帕德玛河（意为“荷花”），分成数条支流，在达卡西北与布拉马普特拉河汇合，形成“丫”字形，最后注入孟加拉湾，河口处形成了广阔的恒河三角洲。河口处平均流量为2.51万m^3/s。

2. 恒河三角洲

恒河三角洲（图4-4、图4-5）位于南亚孟加拉地区，这是世界上最大的三角洲，也是世界上土地最肥沃的区域之一，因而得到“绿色三角洲”的绰号。恒河三

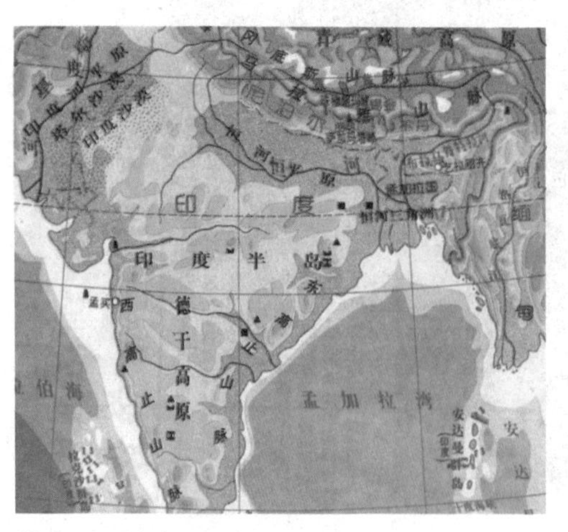

图4-4　恒河三角洲图

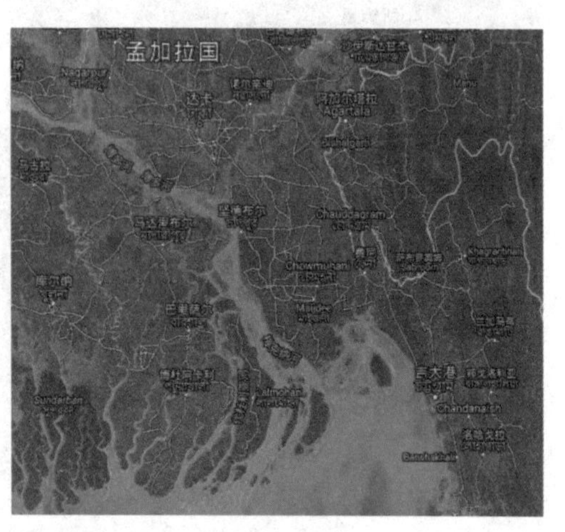

图4-5　恒河三角洲影像图

角洲西起胡格利河，东到梅格纳河，宽320 km，跨过孟加拉湾，开始点距海有500 km，面积超过7万km^2，分属孟加拉国和印度。在三角洲地区，恒河分成许多支汊，颇具特色。

三角洲汇集恒河、布拉马普特拉河、梅格纳河三大水系，河道密布。恒河三角洲的形状呈三角形，是一个弓形三角洲。尽管三角洲本身主要位于孟加拉国和印度，但是不丹、中国和尼泊尔的诸多河流都流到这里。三角洲大约2/3的面积位于孟加拉国。恒河三角洲可分为东部（活跃区域）和西部（不活跃区域）两部分。

构造运动和地貌成因导致了三角洲西部抬高，近五六个世纪以来淡水出海却明显地偏向三角洲东部。因此，除了雨季外，西部的分流河汊淡水流量很少，致使盐水沿河上溯距离较长。尽管存在三角洲西部由河流上游输入的泥沙减少以及三角洲本身自然压实下沉等原因，但由于强潮作用，沉积物仍然在高潮线附近淤积，造陆作用一直在进行，泥沙来源是岸滩的侵蚀。据统计，在过去的40年里，一些三角洲前缘后退了约15 m。胡格利河在三角洲的西部，历史上曾是恒河的主要出海水道。该河感潮河段约280 km，河口为强混合型，没有垂直盐度梯度，洪水期湾口盐度8，枯水期盐水也可上溯到离湾口140 km处。恒河每年只有4%左右的泥沙输入胡格利河，但由强潮流自外海向上游搬运泥沙的优势持续的时间较长，使得河口湾上段变得越来越宽浅。大潮期间，胡格利河口湾上段常有涌潮出现，最高时可达2.5 m，前进速度为30 km/h。为了解决咸水入侵所带来的灌溉、城市用水及河道淤塞问题，印度于1970年在恒河上建立了一个拦河坝，以保证常年都有淡水流经胡格利河。恒河三角洲主要位于热带湿润气候区，西部的年降水量达1.5~2 m，而东部则要达到2~3 m。这里地势低平，海拔仅10 m。河网密布，海岸线呈漏斗形，风暴潮不易分散而聚集在恒河口附近，形成强烈的潮水，铺天盖地地涌向恒河三角洲平原，受孟加拉湾潮水顶托，三角洲常受淹。在三角洲，河流多支汊并游移不定。

三角洲的大部分由冲积土构成，向东则转变成红色或红黄色的红土。土壤中包含大量的营养和矿物质，土层深厚肥沃，平均海拔不足10 m，水网密布，农业发达，人口密集，为南亚重要经济中心之一，是孟加拉国与印度重要的农业区，也是世界黄麻的最大产区。三角洲上挤住着1.15亿~1.43亿的人口。孟加拉国的很大一部分都位于恒河三角洲上，该国许多人依靠三角洲生存（图4-6）。恒河三角洲供养着超过3亿的人口，而住在恒河盆地的人口大约有4亿，这是世界上人口最稠密的大河流域。恒河三角洲是南亚次大陆水稻、小麦、玉米、黄麻、甘蔗等作物的重要种植区。这里水路交通发达，大部分河流可通航。流域主要城市有加尔各答（印度）和达卡、吉大港（孟加拉国）等。

恒河三角洲由迷宫般的河流、沼泽、湖泊和洪积平原组成。南部为沼泽地和红树林，当地称“松达班”。三角洲滨海一带生长有茂盛的红树林，达8 000 km^2，是世界上最重要的红树林区之一，当地的居民称这里为“美丽的森林”。由于人口的压力，过去两三个世纪中，红树林的覆盖面积减少了一半。现在这里被划为孙德尔本斯国家公园和孙德尔本斯红树林保护区。恒河三角洲的森林之中，栖息着大量珍禽异兽，包括孟加拉虎和印度巨蟒。生活在恒河三角洲的濒危动物有孟加拉虎、印度蟒、云豹、亚洲象和鳄鱼，大都生活在孙德尔本斯国家公园。据调查，大约有1 020只孟加拉虎栖息在孙德尔本斯。在恒河三角洲发现的鸟类有翠鸟、鹰、山鹑、啄木鸟和知更鸟等。在三角洲能发现两种江豚：伊洛瓦底江豚和恒河江豚。伊洛瓦底江豚不是真正的江豚，只是从孟加拉湾进入三角洲。恒河江豚才是一种真正的江豚，但极为罕见，属于濒危动物。

未来恒河三角洲居民面临的最大威胁是海平面上升，这主要是由于该地区地面沉降，部分是由于气候改变。海平面上升50 cm就能造成孟加拉国600万人失去家

图4-6　恒河沿岸风光

园。温度升高也将给恒河三角洲带来更严重的洪水，因为喜马拉雅山脉的积雪和冰川的融化速度将会加快。美丽的恒河三角洲，接收了喜马拉雅山92%的融化雪水。海平面的不断上升，使广袤肥沃的恒河三角洲上的诸多岛屿面临着洪水的威胁，这将会给印度和孟加拉国带来环境灾难和难民危机（图4-7）。

图4-7　恒河三角洲受到洪水威胁

二、湄公河三角洲

1. 湄公河

湄公河是东南亚最长的河流，总长约4 880 km，流域（图4-8）总面积81.1万km^2，是世界第六大河、亚洲第三长河、东南亚第一大河。它发源于中国青海省，流经西藏自治区与云南省，中国境内河段称为澜沧江，出境后叫湄公河，流经老挝、缅甸、泰国、柬埔寨和越南，于越南胡志明市流入南海。老挝首都万象与柬埔寨首都金边均在湄公河岸边。湄公河约3/4的流域面积在其中下游5国——缅甸、老挝、泰国、柬埔寨与越南。

从中、缅、老边界到老挝的万象，长1 053 km。流经地区大部分海拔200~1 500 m，地形起伏较大，沿途受

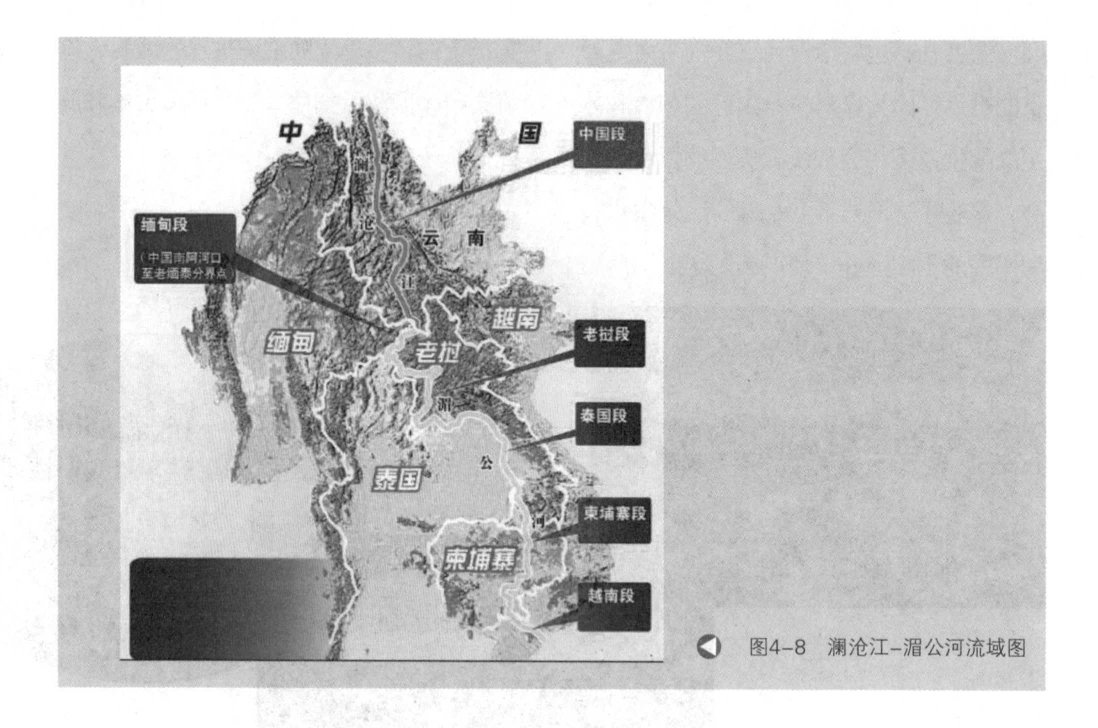

图4-8　澜沧江-湄公河流域图

山脉阻挡，河道几经弯曲，河谷宽窄反复交替，河床坡降较陡，多急流和浅滩。万象到巴色段，长724 km。流经呵叻高原和富良山脉的山脚丘陵，大部分地区海拔100~200 m，地形起伏不大。其中上段河谷宽广，水流平静。沙湾拿吉至巴色，河床坡降较陡，多岩礁、浅滩和急流。巴色到柬埔寨的金边段，长559 km。流经地区为平坦而略微起伏的准平原，海拔不到100 m，河床宽阔，多岔流，但部分河段有小丘紧束或横亘河中，构成险滩、急流，全河最大的险水孔瀑布就在此段。金边以下到河口为三角洲河段，长332 km。湄公河在金边附近接纳洞里萨河后分成前江与后江，前、后江进入越南，再分成6支，经9个河口入海，故其入海河段又名九龙江。

2. 湄公河三角洲

湄公河三角洲（图4-9）是东南亚最大的三角洲，包括越南的最南端、柬埔寨东南端，又称九龙江平原，临南海和泰国湾，以柬埔寨的金边为顶点，北起越南的巴地，南至金瓯角的海岸线为底边构成三角形地区，总面积为44 000 km^2（越南境内39 000 km^2，柬埔寨境内5 000 km^2）。

三角洲平均海拔不足2 m，地势低

图4-9 湄公河三角洲影像图

平，水网密集，多河流、沼泽，土壤肥沃，是东南亚地区最大的平原和鱼米之乡，也是越南最富庶的地方、越南人口最密集的地方（图4-10）。湄公河自金边以下分成两支，在越南境内叫前江和后江，这两江把三角洲分成三部分。后江以南部分为金瓯半岛，由于湄公河泥沙的淤积，半岛每年向西南海边延伸60~80 m。半岛西侧海滩长满了热带特有的红树林，内地多稻田和热带丛林。前江和后江之间是平坦肥沃的平原，河渠密如蛛网。湄公河三角洲流域位于亚洲热带季风区的中心，5～9月底受来自海上的西南季风影响，潮湿多雨，5～10月为雨季；11月至次年3月中旬受来自大陆的东北季风影响，干燥少雨，11月至次年4月为旱季。强度很大、历时较短、影响范围较小的雷

图4-10 湄公河三角洲风光

雨在整个雨季都很频繁；历时较长、范围很大的降雨在9月份最频繁，能引起严重的洪水泛滥，但其影响大多局限于三角洲地区和流域西部，偶尔穿越大陆使更大范围遭受长时间大雨袭击。由于降雨的季节分布不均匀，流域各地每年都要经历一次强度和历时不同的干旱。

湄公河三角洲流域的径流来自降雨，由于每年不变的季风影响，上一水文年至下一水文年的主要水位过程线几乎不变，丰水与枯水间的差距不大。湄公河三角洲多年平均入海水量为4 750亿m^3。湄公河流域水能理论蕴藏量为5 800万kW。湄公河三角洲目前约有近5 000 hm^2的水面被用来养殖绿螯虾，过去5年的产值增加了10倍。

三、伊洛瓦底江三角洲

1. 伊洛瓦底江

伊洛瓦底江是亚洲中南半岛大河之一，缅甸境内的第一大河，纵贯缅甸中部。河全长约2 170 km，流域（图4-11）面积41.1万km^2，约占缅甸全国面积的60%。其河源有东、西两支，东源叫恩梅开江，发源于中国境内察隅县境伯舒拉山南麓（中国云南境内称为独龙江）；西源叫迈立开江，发源于缅甸北部山区。独龙江东南流经云南贡山独龙族怒族自治县西境，然后折转西南，进入缅

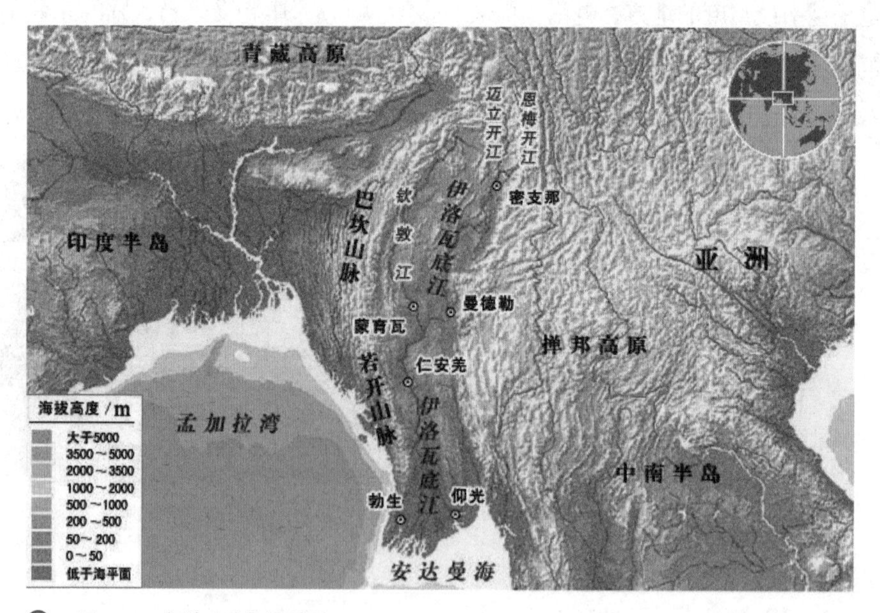

图4-11 伊洛瓦底江流域图

甸，过贾冈后，称恩梅开江，南流与迈立开江在密支那城以北约50 km处的主道汇合后始称伊洛瓦底江。整个流域受西部山地和掸邦高原的夹束，呈南北长条状，河口段为扇形三角洲。流域地理位置为北纬15° 30'~28° 50'，东经93° 16'~98° 42'。伊洛瓦底江沿岸形成了一条中央纵谷，谷地面积占全国面积的1/3。伊洛瓦底江蜿蜒曲折地由北向南流淌，最后分成多股岔流，流入印度洋的安达曼海。

流域地势呈北高南低，地貌特征为北部高山峡谷，西部崇山峻岭，东部高原，南部低洼平原。伊洛瓦底江谷地介于西部山地和掸邦高原之间。谷地中有火山熔岩地形残迹，部分地区为伊洛瓦底江、钦敦江、锡唐河的冲积平原，可分为上游谷地、中游谷地、下游谷地和三角洲、勃固山地、锡唐河谷等5个小区。上游谷地多山地，中游谷地平原上有突出的小山丘，下游谷地平原较窄，到三角洲附近渐宽。伊洛瓦底江的主要支流有钦敦江、大盈江、瑞丽江、穆河、尧河以及蒙河等。其中，钦敦江是伊洛瓦底江最大的支流，该河水流湍急，多瀑布，蕴藏着丰富的水能资源。伊洛瓦底江是缅甸内河运输的大动脉，自密支那以下1 730 km间皆可通航，干流沿岸主要城市密集，河谷成为缅甸历史、文化与经济的中心地带。伊洛瓦底江流域分属亚热带和热带雨林气候带，流域内降雨量丰富，三角洲和北部降雨量达2 000~3 000 mm，中游平原降雨量少，为500~1 000 mm。7月份降雨最多，12月至次年3月为旱季。伊洛瓦底江年均径流量约4 860亿m^3，平均流量为13 600 m^3/s。

主道至曼德勒是伊洛瓦底江的上游河段，先后穿过60 km长的第一峡谷、23 km长的第二峡谷。

从曼德勒至德耶谬是中游河段，这里是缅甸降水最少的地区，是全国著名的干燥地带。早在1 000年前缅甸的中古时期，人们就在这里筑堤坝修渠道，引水灌溉，种植水稻。现在中游平原依然产芝麻、花生、棉花和烟草。这里也是缅甸重要的养牛区。

德耶谬至入海口是下游河段。德耶谬至缅昂是下游谷地，第悦茂至苗旺的砂岩地区，河宽度锐减，河流由于受阿拉干山脉与勃固山脉的紧束，水流湍急，平原窄小阶地发育，景色颇似上游的峡谷。苗旺以南48 km的娘交附近，伊洛瓦底江开始分流，呈伞形分成多支汊河，流入安达曼海。

2. 伊洛瓦底江三角洲

伊洛瓦底江三角洲（图4-12）位于亚洲缅甸境内，从勃生河口以东至仰光河口，宽约242 km，长约90 km，面积为32 400 km^2。

三角洲上，地势低平，一般与海潮线相等，部分则在海潮线之下。河道成网，雨季时一片汪洋，村镇均建在高地之上。由于每年有约3亿t的泥沙倾泻至海内，所以三角洲向外伸延的速度是惊人的，据测量，平均每年向海洋扩展66 m左右。三角洲地区是缅甸全国人口最稠密、经济最发达的地区（图4-13），为缅甸最重要的农业区，这里以种植水稻为主，是缅甸全国稻米的第一中心，享有“缅甸谷仓”之盛誉。缅甸全国有耕地240多万hm^2，其中水稻种植面积为230多万hm^2，而三角洲则几乎占缅甸全国水稻种植面积的一半。仅伊洛瓦底省（占三角洲面积的2/3以上）的水稻种植面积就有180万hm^2，1980～1981年度稻谷产量超过428.7万t，占全国稻谷总产量的32%。该省在缅甸全国14个邦、省中是水稻种植面积最广、产量最多、平均亩产最高的。大米是缅甸人民的主要食品和出口商品，也是缅甸的主要外汇来源之一。第二次世界大战以前，缅甸是世界上稻米出口最多的国家，约提供世界稻米总贸易额的40%，故有“稻米国”之称。二战后，稻谷生产发展较快，目前年产量已达1 400万t，约相当于二战前年平均产量的2倍。

缅甸是盛产石油的国家。目前，缅甸全国原油产量已超过1 100万桶，除满足国内需要外，还能少量出口。伊洛瓦底江

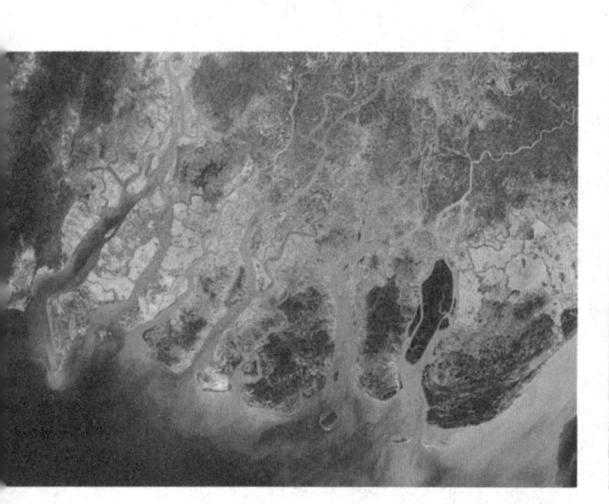

图4-12　伊洛瓦底江三角洲影像图

图4-13　伊洛瓦底江三角洲风土人情

三角洲是缅甸石油的主要产地，全国油田和炼油厂几乎都分布在伊洛瓦底江沿岸。这些油田生产的石油大部分也是通过伊洛瓦底江水路输送到炼油厂的。

伊洛瓦底江三角洲为缅甸经济活动的中心，该地区面积仅占缅甸全国的1/8，而人口却占全国的30%。蒲甘（图4-14、图4-15）是举世闻名的“万塔之城”，它就像晶莹夺目的宝石，点缀在伊洛瓦底江东岸绿色的地毯上，闪烁着缅甸古老而灿烂的文化光芒。缅甸人曾经说过：“没有到过蒲甘，就等于没有到过缅甸。”蒲甘是东方文化宝库之一，是蒲甘王朝的首都。蒲甘王朝时，兴修水利，发展农业，创立缅文，使缅甸的手工业和文化发展起来。小乘佛教传入，兴建佛教寺塔之风盛极一时。在短短的两三百年间，占地仅几十平方千米的蒲甘处处寺塔簇拥。据说，最盛时期蒲甘地区的佛塔共有444多万座，因此号称“400万宝塔城”。随着政治中心的南迁、年久失修等原因，现存佛塔不过5 000座。其中，以达比纽塔最

图4-14 伊洛瓦底江三角洲城市蒲甘

图4-15 伊洛瓦底江三角洲风光

为壮观，高度超过200 m。蒲甘的佛塔，几乎集缅甸一切建筑艺术形式之大成。有的金光闪闪，有的洁白素雅，有的红里透蓝，颜色各异，大小不等，重楼复阁，巍峨壮丽;塔顶有圆有尖，有的既圆而尖，呈金钟形、覆钵形，气势雄伟。伴以高悬塔周的众多银铃，微风吹过铃声叮当。佛塔内的浮雕，技艺精巧，构图朴素，栩栩如生。

仰光位于三角洲东侧，背依勃固山脉，面临水深浪静的仰光河，虽距河口35 km，但万吨海轮可直抵仰光码头，是全国最大的商港，年吞吐量占全国的93%，也是缅甸全国最大的吞吐海港，是缅甸国内外交通总枢纽。仰光还可通过仰光河下游与伊洛瓦底江、来敦江和三角洲上的港口联系。全国的铁路和公路都汇集到仰光，因此仰光也是全国铁路中心、最大城市，1948年缅甸独立时定为首都。仰光市中心建造了一座庄严、肃穆、简朴、美观的烈士陵墓，这是缅甸人民为了怀念领导独立斗争的民族英雄昂山将军而修建的。闻名遐迩的大金塔坐落在仰光市区北部茵雅湖畔海拔51 m的丁固达拉岗上，人们称它为“瑞大光塔”。在缅语里，“瑞”是金的意思，“大光”是仰光古时的名称。

由于地理位置的原因，伊洛瓦底江三角洲经常受到风暴的袭击。风暴最强的时候，曾卷起7.5 m高的巨浪，部分地区水深6 m。

欧洲三角洲

一、多瑙河三角洲

1. 多瑙河

多瑙河位于欧洲东南部，发源于德国黑森林地区，一路汇集大小河川，自西向东流经奥地利、斯洛伐克、匈牙利、克罗地亚、塞尔维亚、保加利亚、罗马尼亚、乌克兰，奔流9国，流入黑海。多瑙河在欧洲仅次于伏尔加河，是欧洲第二长河，是世界上干流流经国家最多的河流，全长2 850 km，流域（图4-16）面积81.7万km^2。

多瑙河（图4-17）干流从河源至布

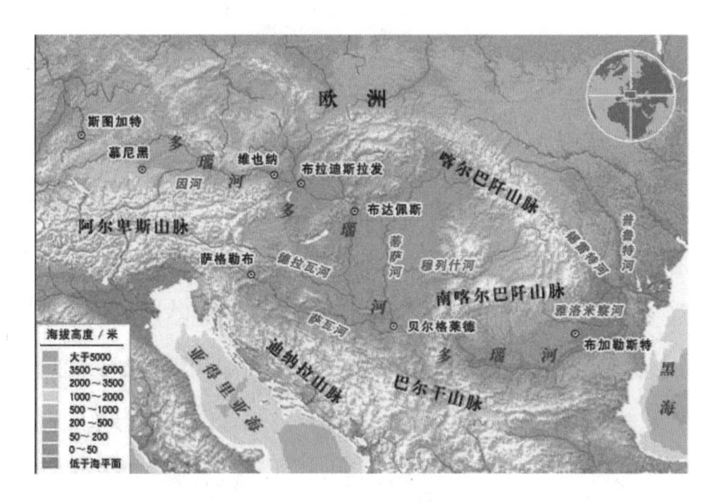

图4-16　多瑙河流域图

图4-17　多瑙河风光

拉迪斯拉发附近的匈牙利门为上游，长约965.6 km（从乌尔姆至匈牙利门，长度为708 km，落差334 m）；从匈牙利门至铁门峡为中游，长约954 km，落差94 m；铁门峡以下为下游，长约930 km，落差38 m。多瑙河流域三面环山，西部有黑林山，南部由西至东有阿尔卑斯山、韦莱比特山、迪纳拉山、老山以及巴尔干山；北部自西至东有捷克林山、舒马瓦山、苏台德山和喀尔巴阡山。多瑙河流经的主要平原则包括维也纳平原、匈牙利平原、瓦拉几亚平原和多瑙河平原等。

多瑙河流域面积广大，内有影响其水源和水情的各种自然条件。这些自然条件有助于形成一个岔流多、稠密、水深的河网，内有支流约300条，其中30多条利于通航。整个多瑙河盆地，有一半以上由其右岸支流排水；这些支流汇集来自阿尔卑斯山脉及其他山区的水，占多瑙河总流量的2/3。多瑙河流域属温带气候区，具有由温带海洋性气候向温带大陆性气候过渡的特点。特别是流域西部和东南部，温湿适宜，雨量充沛。河口地区则具有草原性气候特征，受大陆性气候影响，整个冬季较寒冷。河口年平均流量6 430 m^3/s，多年平均径流量2 030亿m^3，挟带的泥沙每年约有2亿t。多瑙河水通过3条支流注入黑海，从北向南，分别是基利亚河、苏利纳河和斯芬图格奥尔基河（圣乔治河）。

——地学知识窗——

海洋性气候

受海洋影响显著的海域、岛屿和近海地区的气候。由于海洋巨大水体的作用，夏日凉爽，冬天不冷，秋季暖于春季，气温的年变化和日变化小，且极值温度出现的时间也比大陆性气候地区晚；降水量季节分布较均匀，降水日数多，强度小；云雾多，湿度大。海洋性气候以降水多、湿度变化和缓、冬暖夏凉为主要特征。

2. 多瑙河三角洲

多瑙河三角洲（图4-18）位于欧洲罗马尼亚东部苏利纳出海口，面积6 000 km²，其中河滩占总面积的25%，其余是水草地、沼泽和湖泊等。该三角洲横跨罗马尼亚和乌克兰两国，是欧洲面积最大、保存最完好的三角洲，也是欧洲现存最大的湿地。1991年，根据世界遗产遴选标准N（Ⅲ）（Ⅳ），多瑙河三角洲被列入“世界遗产目录”。

多瑙河三角洲是一个仍在形成中的区域，无论科学家认为多瑙河三角洲只有7 000年的历史，还是昨天才诞生，都无关紧要。在人们眼里，三角洲是被众神遗忘的角落，那里水土交融而又不为人所觉察，那里的一切河流、海洋、泥沙都呈黄褐色。在它6 000 km²的辽阔区域内，说不清哪里是波浪的尽头，哪里是河岸沙丘的源头。

多瑙河三角洲是罗马尼亚的旅游胜地。三角洲河道纵横、泽地成片，水陆面积随季节和水势的不同而变化。大部分时间其陆地面积只占总面积的10%左右，其余为水面和沼泽。几千条运河和水道构成了神秘的泽国，把坐落在它们中间的村庄、渔场、农田联结起来，犹如大自然中的一座水陆迷宫。两岸丛林密布，高大的橡树、白杨、柳树和各种灌木到处可见。

图4-18　多瑙河三角洲影像图

湖面碧波荡漾，湖水清澈见底，“浮岛”是三角洲腹地的奇景之一。它表面像陆地，上面长着茂盛的植物，但下面却是湖泊。浮岛在风浪中漂游，时时改变着三角洲的自然面貌。其面积约达10万hm^2，厚度一般在1 m左右。春天，多瑙河洪水泛滥时，这里的各类飞禽走兽靠浮岛而得以生存。三角洲2/3的面积为芦苇所覆盖，共约30万hm^2，是世界上最大的芦苇产地之一。芦花开时，一片洁白。三角洲长有植物有1 150种，其中包括热带雨林的藤本植物以及睡莲。在巴巴格湖和赖查姆湖之间的丘陵地带，有数千年前由腓尼基人建造的赫拉克里斯古城堡遗址。

三角洲因资源丰富被誉为“欧洲最大的地质、生物实验室”。这里风光绮丽，是世界上罕见的自然风景区。三角洲内除了大量海洋生物外，极为丰富的陆上动植物也让你惊叹大自然的奇妙无穷。多瑙河三角洲是欧、亚、非三洲候鸟的集散地，也是欧洲飞禽和水鸟最多的地方，因而被称为是鸟和动物的“天堂”。

对生活在多瑙河三角洲的古人来说，多瑙河是神圣的河。武士外出征战，先要用河水净身，并向它献祭，尤其是罗马皇帝图拉真，对它更是感激涕零，因为在公元2世纪他率罗马军队征讨生活在多瑙河平原和喀尔巴阡山的达契亚人时，多瑙河曾施惠于他。在罗马图拉真石柱上，多瑙河被描绘成一个长着胡须的巨人。图拉真是第一个踏着石桥渡过多瑙河的人，该桥为大马士革的建筑师阿波洛多鲁斯于公元105年所建。

500年前在多瑙河入黑海河口建立了

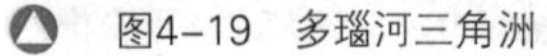
图4-19　多瑙河三角洲

吉利亚堡，它的废墟现在离海岸线很远了。在巴巴格湖和赖查姆湖之间的丘陵地带，有数千年前腓尼基人建造的赫拉克里斯古城堡遗址。古老的塔尔斯城是三角洲的起点，城内建有三角洲自然博物馆。

三、伏尔加河三角洲

1. 伏尔加河

伏尔加河（图4-20）位于俄罗斯西南部，是欧洲最长的河流，也是世界最长的内陆河。伏尔加河发源于东欧平原西部瓦尔代丘陵湖沼间，流经森林带、森林草原带和草原带，最终注入里海。河流全长3 688 km，流域（图4-21）面积138万km^2。

伏尔加河流域地处北纬61° 55'～45° 35'，东经32° 05'～60° 22'之间。南北长1 910 km，东西宽1 805 km。流域北面与波罗的海、白海及巴伦支海各流域为界，东北及东面以乌拉尔山脉和喀拉海各河流域为界，东南与乌拉尔河流域为邻，西面及西南与第聂伯河、顿河流域毗连。河口多年平均流量约为8 000 m^3/s，年径流量为2 540亿 m^3。干流总落差256 m，平均坡降0.007。河流流速缓慢，河道弯曲，多沙洲和浅滩，两岸多牛轭湖和废河道。在伏尔加格勒以下，由于流经半荒漠和荒漠，水分被蒸发，没有支流汇入，流

图4-20　伏尔加河

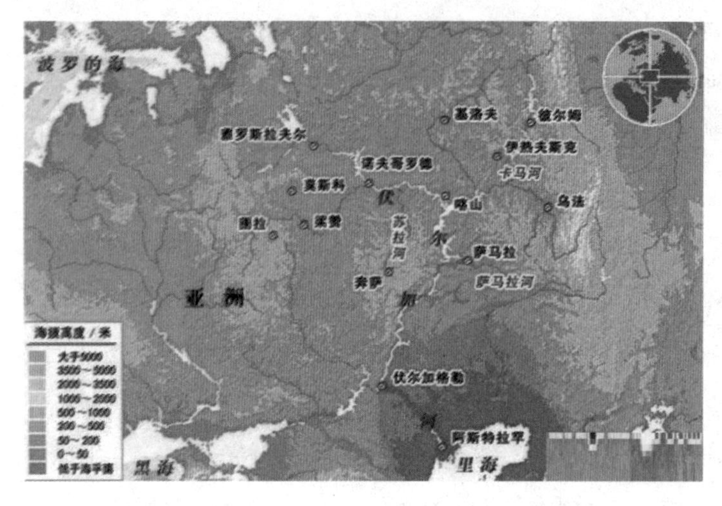

图4-21 伏尔加河流域图

量降低。伏尔加河河源处海拔仅有228 m，而河口处低于海平面28 m。从距河源不远的尔热夫算起，往下超过3 000 km的河段内，总落差仅有190 m，因此，河水流速缓慢，沙洲、浅滩、牛轭湖、废河道广为分布，是一条典型的平原河流。伏尔加河通过伏尔加河-波罗的海运河连接波罗的海，通过北德纳维河水系接通白海，通过伏尔加河-顿河运河与亚速海和黑海沟通，所以有“五海之河”的美称。

伏尔加河是俄罗斯的摇篮。伏尔加河在俄罗斯的国民经济中、在俄罗斯人民的生活中起着非常重要的作用，被称为“俄罗斯人的母亲河”。俄罗斯著名画家列宾以伏尔加河为背景创作的作品《伏尔加河上的纤夫》闻名于世。伏尔加盆地占俄罗斯欧洲部分的2/5，人口几乎占俄罗斯联邦全部人口的1/2。伏尔加河以其巨大的经济、文化和历史的重要性及巨大的流域面积跻身于世界大河之列。伏尔加河流域约有15.1万条长10 km以上的大小河流，其中有2 600条河直接流入伏尔加河及其水库。流域河网形如一棵长有茂密树梢和弯曲干体的大树。伏尔加河支流众多，河网密布，有200余条主要支流。伏尔加河干支流河道总长约8万km，可分为3段：上游，从发源地到与奥卡河汇合处；中游，从与奥卡河汇合处到与卡马河汇合处；下游，从与卡马河汇合处到窝瓦河本身的河口。

2. 伏尔加河三角洲

伏尔加河三角洲（图4-22、图4-23）位于俄罗斯阿斯特拉罕州，是欧洲最大的内陆河三角洲，是在伏尔加河进入里海处形成的。三角洲面积在过去100年内因里海海平面的改变而不断增加，是世界第十大三角洲。

伏尔加河三角洲的典型气候以纬向环流为主，但经常遇到以北极和地中海气团互相侵袭为特征的经向环流盛行的年份。伏尔加河三角洲水资源十分丰富，流入里海的径流量为每年2 540亿m^3。伏尔加河流域有许多湖泊，里海低地上则分布着萨尔帕咸水湖群，渔业在俄罗斯占有极其重要的地位，捕鱼量约占全国的50%，捕鲟量占全国的近90%。阿斯特拉罕有“渔乡”之称，有包括欧鳇鱼、鲟鱼、闪光鲟鱼等珍贵鲟鱼品种在内的70多种鱼。梯级水库的建立对伏尔加河鱼类特别是对在伏尔加河产卵、在里海育肥、经济价值高的洄游鱼类——主要是鲟科（鲟、闪光鲟、鳇等）和鲱科鱼类资源增殖有很大影响。

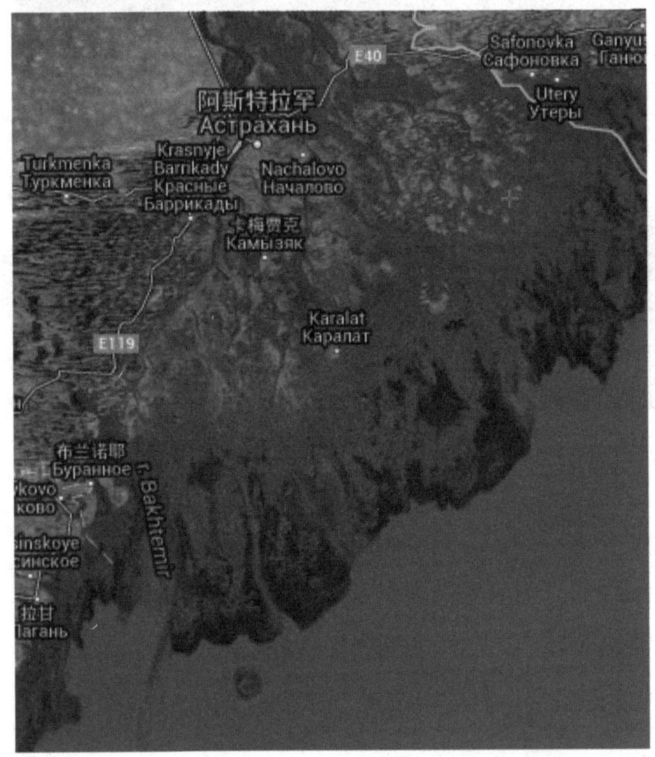

图4-22　伏尔加河三角洲影像图

图4-23 伏尔加河三角洲风光

为救护珍贵洄游鱼类，补偿因建库带来的渔业损失，当局采取了修建升鱼建筑物、开展人工繁殖放流、发展水库养鱼等措施，取得了良好的效果。

伏尔加河三角洲最为富庶美丽，这里生长着里海莲花，栖息着白色仙鹤，今已开辟为渔场，海豹、鲟鱼、鲑鱼等为主要捕获对象。为了保护动物的繁殖，在这里还划有自然保护区。阿斯特拉罕位于伏尔加河三角洲，分布在有运河和小溪相连的11个岛屿上，人口约50万，是伏尔加河流经的最后一个大城市。18世纪时，阿斯特拉罕还位于里海岸边，而如今里海已经后退了100 km。阿斯特拉罕的荷花是全球荷花中生长在最北方的。为观赏荷花之美，须在每年七八月份前来阿斯特拉罕，然后坐小船顺伏尔加河到“荷花三角洲”。上千种白色带粉红色的荷花盛开在平静的河面上。

三、勒拿河三角洲

1. 勒拿河

勒拿河（图4-24）位于东西伯利亚，是流入北冰洋的三条西伯利亚河流（其他两条是鄂毕河和叶尼塞河）之一。发源于俄罗斯贝加尔山西坡，距贝加尔湖仅7 km，沿中西伯利亚高原东原曲折北流，流经高原、山地，穿过西伯利亚大平原的针叶林带，进入萨哈共和国的沼泽

图4-24 勒拿河风光

低地和冻土带，自由地在俄罗斯广阔的地带穿行，最终汇入北极圈内风大浪急的拉普捷夫海。长4 400 km，流域（图4–25）面积249万km^2，流域面积位于北纬53°~73°，东经105°~130°，全年冰冻期较长，为俄罗斯最长的河流。主要支流有维季姆河、奥廖克马河、阿尔丹河以及维柳伊河等。

勒拿河同鄂毕河和叶尼塞河一起，都是西伯亚利中部向北流动的长河，河源段称大勒拿河。从河源到维季姆河入口处为上游，海拔1 640 m，流经高原、山地，河窄岸高，多急流、险滩，具有典型的山区河流特征。从维季姆河河口到阿尔丹河河口为中游，接纳奥廖克马河后，水量大增，河谷展宽，最宽处达30 km，沿岸形成湖泊和河湾，河谷中有众多小岛，因流经勒拿–阿尔丹高原，个别地段河岸高峻。阿尔丹河河口以下为下游，阿尔丹河和维柳伊河注入后，成为巨大的平原型河流。在最短岔流的河口附近建立了季克西港。河口处年平均流量1.7万m^3/s，每年入海水量488万m^3，含沙量为0.05~0.06 kg/m^3。河水径流补给以冰雪融水为主，雨水次之。主要为春汛，伏汛次之。冬季流量最小。结冰期长达8个月（9月末至次年6月初）。春汛期的流冰常阻塞河床，使河流水位上升，造成灾害。

勒拿河是两个不同区域的分界。西部是中西伯利亚高原，是浓密连绵的泰加林分布区，一片由云杉和松树组成的荒野，分布最多的是落叶松。东部是雄伟的上扬斯克山、孙塔尔哈亚特山和切尔斯基山，

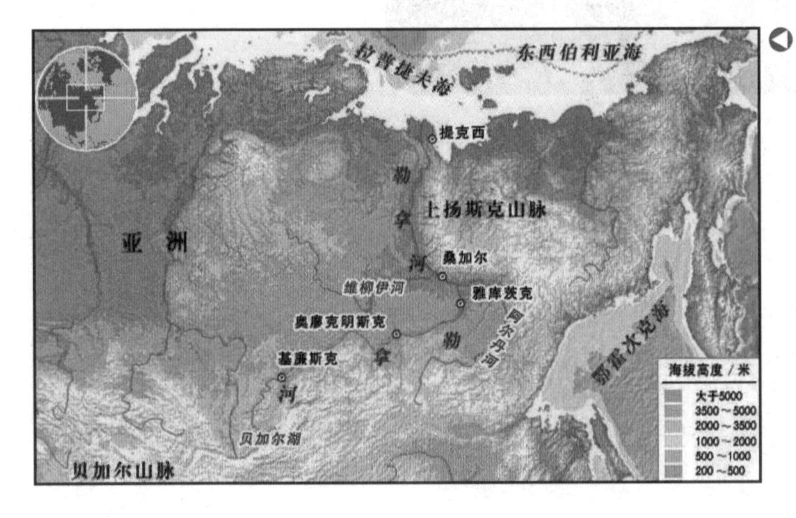

图4–25　勒拿河流域图

生长着难以穿越的松林，那里的冬天是除南极洲之外地球上最冷的地方。每年，勒拿河都带来1 200万t泥沙和约4 100万t溶解物质沉淀，注入北冰洋拉普捷夫海。

2. 勒拿河三角洲

勒拿河三角洲（图4−26）位于俄罗斯西伯利亚中部的冰封荒原上，将俄罗斯的冻土带分成150多条水道，形成1 000多个岛屿，为俄罗斯最大的三角洲，三角洲状如矩形半岛，延伸到拉普捷夫海中约121 km，宽约282 km，面积约3.2万km^2。

勒拿河三角洲区域辽阔，面积仅次于美国的密西西比河三角洲。尽管它是最大的永久性冻土区的三角洲水系，但大量的泥沙有规律地顺流冲下来，沉积在三角洲地区，因而三角洲面积处在不断变化之中。如今，三角洲的面积还在不断扩大，俄罗斯的陆地领土也在不断扩大。三角洲上的森林、煤、天然气、岩盐等资源丰富，维京河与奥廖克马河的河沙含有金，水力资源约有5 000万kW。渔业发达，主产马克鲟鱼、西伯利亚白鱼、凹目白鱼等。在三角洲上曾有猛犸象象牙出土。

三角洲有宽400 km的湿地，每年有7个月冰封成冻原。自5月开始其余时间是一片苍翠繁茂的湿地。1985年，勒拿河三

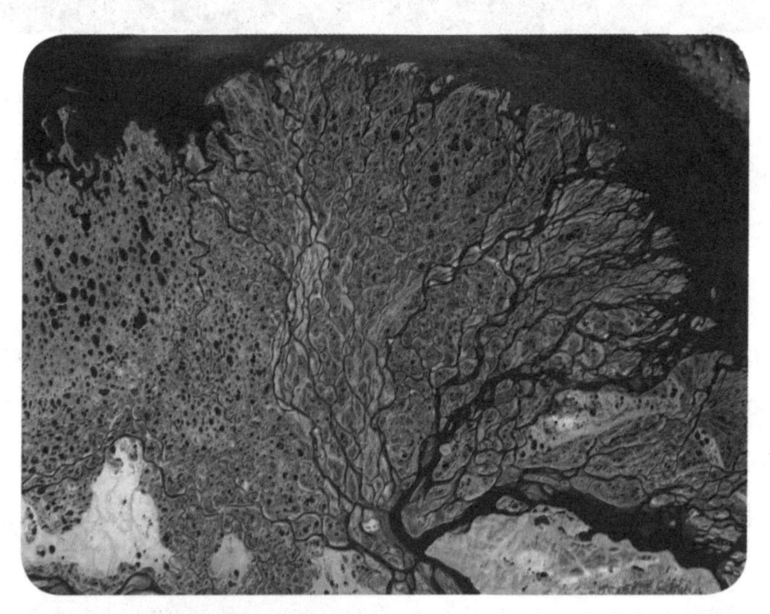

图4−26　勒拿河三角洲影像图

角洲被划为自然保护区（图4-27），用来保护29种哺乳动物、95种鸟类、723种植物，包括熊、狼、驯鹿、黑貂、西伯利亚鸡貂、贝维基天鹅和罗斯鸥等。勒拿河三角洲保护区是俄罗斯面积最大的野生动物保护区，是许多西伯利亚野生动物重要的避难所和生息地。勒拿河三角洲的冬天十分严寒，意味着全年生活在此的哺乳动物和鸟类需要特殊的适应能力。生活在勒拿河三角洲的主要是俄罗斯人，其次为萨哈人、埃文克人和尤卡吉尔人。

图4-27 勒拿河三角洲风光

非洲三角洲

一、尼罗河三角洲

1. 尼罗河

尼罗河位于非洲东北部，发源于赤道南部东非高原上的布隆迪高地，干流流经布隆迪、卢旺达、坦桑尼亚、乌干达、苏丹和埃及等国，支流还流经肯尼亚、埃塞俄比亚和刚果（金）、厄立特里亚等国的部分地区，最后注入地中海。干流全长6 670 km，是世界上流程最长的河流。流域（图4-28）面积约287万km^2，占非洲大陆面积的1/9以上。

苏丹的尼穆莱以上为上游河段，长

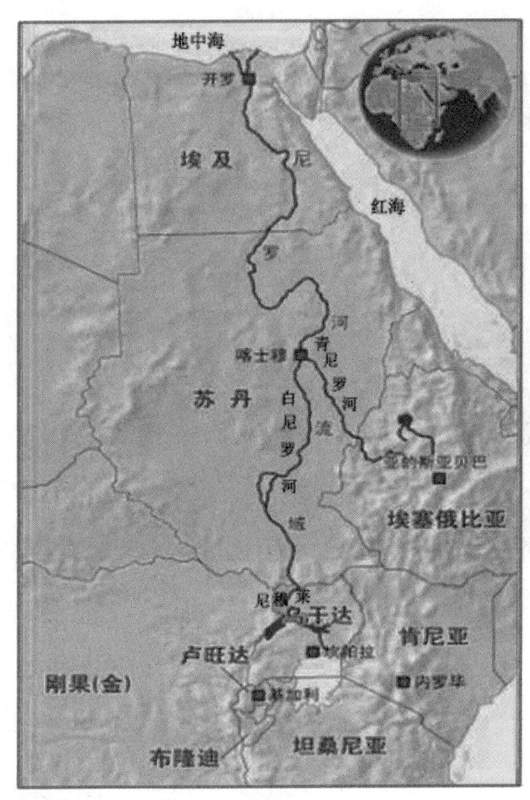

图4-28 尼罗河流域图

1 730 km，自上而下分别称为卡盖拉河、维多利亚尼罗河和艾伯特尼罗河。

尼罗河有两个源头，一个发源于海拔2 621 m的热带中非山区，叫白尼罗河。白尼罗河流经维多利亚湖、基奥加湖等庞大的湖区，穿过乌干达的丛林，经苏丹北上。另一个源头在海拔2 000 m的埃塞俄比亚高地，叫青尼罗河。青尼罗河全长680 km，它穿过塔纳湖，然后急转直下，形成一泻千里的水流，这就是非洲著名的第二大瀑布——梯斯塞特瀑布。

从尼穆莱至喀土穆为尼罗河中游，长1 930 km。白尼罗河和青尼罗河汇合后称为尼罗河，属下游河段，长约3 000 km。尼罗河穿过撒哈拉沙漠，在开罗以北进入河口三角洲，在三角洲上分成东、西两支注入地中海。根据记载，当时尼罗河在进入三角洲以后分成了7条支河。而现在，由于河道的淤积和变动，三角洲上的主要支流只剩下两条：西边的罗赛塔和东边的达米耶塔。

千百年来，尼罗河水自南向北流淌，穿越整个埃及，把绿色和富庶一路撒向三角洲地带，最后才汇入地中海（图4-29）。尼罗河水量丰富而又稳定。但在流出高原进入盆地后，由于地势极其平坦，水流异常缓慢，水中繁生的植物也延滞了水流前进，在低纬干燥地区的阳光照射下蒸发强烈，从而损耗了巨额水量，能流到下游的水很少。入海口处年平均径流量810亿m^3。白尼罗河与青尼罗河汇合处的平均流量为890 m^3/s，大约是青尼罗河的一半。尼罗河下游的水量主要来源于埃塞俄比亚高原的索巴特河、青尼

图4-29　尼罗河

罗河和阿特巴拉河，其中以青尼罗河为最重要。索巴特河是白尼罗河支流，它于每年5月开始涨水，最高水位出现在11月，此时索巴特河水位高于白尼罗河，顶托后者而使其倒灌，从而加强了白尼罗河上游水量的蒸发。青尼罗河发源于埃塞俄比亚高原上的塔纳湖，上游处于热带山地多雨区，水源丰富。阿特巴拉河也发源于埃塞俄比亚高原。尼罗河干流的洪水于6月到喀土穆，9月达到最高水位。开罗于10月出现最大洪峰。总计，尼罗河的全部水量有60%来自青尼罗河，32%来自白尼罗河，8%来自阿特巴拉河。

2. 尼罗河三角洲

尼罗河三角洲（图4-30）位于埃及北部，北临地中海。尼罗河三角洲是由尼罗河干流进入埃及北部后在开罗附近散开汇入地中海形成的。尼罗河三角洲以开罗为顶点，西至亚历山大港，东到塞德港，海岸线绵延230 km，面积约2.4万km^2，是世界上最大的三角洲之一。

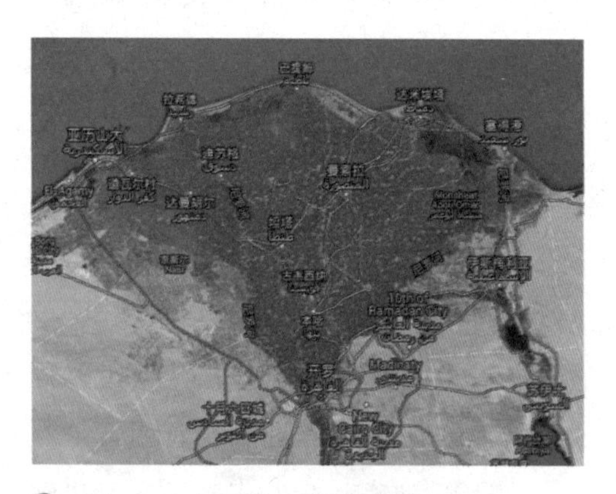

图4-30　尼罗河三角洲影像图

尼罗河三角洲看上去就像一枝莲花——“尼罗河之花”，从尼罗河谷地伸展出来。莲花是上埃及的象征，每到秋季，河面都会被莲花映红；纸莎草则是下埃及的象征，它是古埃及人制作莎草纸的原料。金黄的沙海覆盖着整个埃及大地，尼罗河犹如一条墨绿色的缎带纵穿而过，在地中海入海处，冲积出一片肥沃的绿洲（图4-31）。尼罗河三角洲的黑土地孕育了埃及7 000年的灿烂文明。公元前5 000年，日渐干旱的气候灼炙着埃及地区丰茂的草原，慢慢地，沙漠取代了草场，游牧部落不得不聚集到尼罗河沿岸。他们在此定居下来，耕种、捕鱼。在法老建造金字塔之前，埃及人最引以为荣的是丰饶的尼罗河三角洲。尼罗河三角洲土地肥沃，属于典型的地中海气候，炎热干燥，光照强，水源充足，河网纵横，渠道密布，灌溉农业发达，集中了埃及2/3的耕地，聚集了埃及近一半的人口（图4-32）。埃及的农作物包括小麦、大米、长绒棉、香蕉、橘子、甘蔗等，一半都产自尼罗河三角洲，尼罗河是古埃及文明的发源地，也是世界上长绒棉的主要产地。

图4-31　尼罗河三角洲风光

图4-32　尼罗河三角洲城市埃及一角

二、尼日尔河三角洲

1. 尼日尔河

尼日尔河是非洲第三长河，西非最大河流。发源于几内亚福塔贾隆高原东南坡，流经马里、尼日尔、贝宁、尼日利亚等国，注入几内亚湾，全长4 100 km，在非洲仅次于尼罗河和刚果河，流域（图4−33）面积210万km^2，主要支流有贝努埃河、索科托河、巴尼河等。尼日尔河距大西洋岸仅250 km，年入海平均流量6 300 m^3/s，年径流量2 000亿m^3，年径流深约100 mm，入海流量为6 340 m^3/s，尼日尔河含沙量较大，每年带到河口的泥沙量达4 000万~6 700万t。

尼日尔河河源至库利科罗为上游段，长800多km，源头海拔900 m，上游支流众多，在几内亚境内接纳了两条重要支流。一条是发源于马森塔区境内的米洛河，在尼扬当科罗区境内从右岸汇入尼日尔河；另一条是发源于达博拉区境内的廷基索河，它经过平原迂回曲折的流程，在锚吉里附近从左岸汇入尼日尔河。尼日尔河上游在马里境内还接纳了发源于几内亚、在库鲁巴附近汇入尼日尔河的散卡腊尼河。流经山地、高原、平原地区，接纳众多河流，水量丰富，水流湍急。

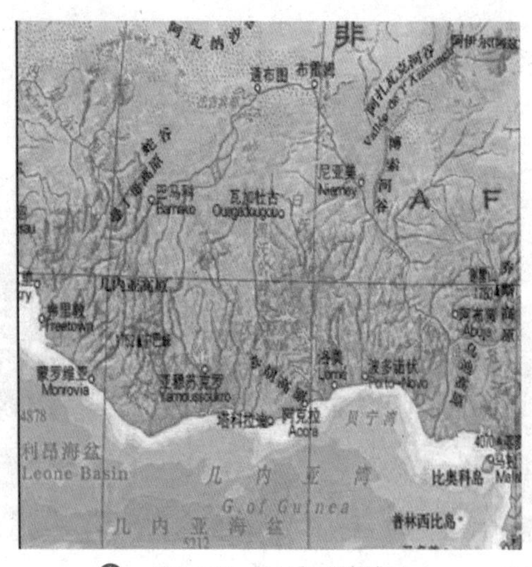

图4−33　尼日尔河流域图

库利科罗至杰巴为中游段，长约2 000 km，河道呈一向北弯曲的大弧形，流经平原和沙漠地区，干流水量因蒸发加强而逐渐干涸，支流较小；一条重要支流是发源于科特迪瓦高地的巴尼河，在马里境内莫苷提附近汇入尼日尔河，长416 km，是由巴乌莱河、巴戈埃河和巴尼芬河等河流汇流而成。在尼日尔境内，河道大多处于干旱地带，降雨量小，蒸发强烈，河系的时令性更为明显，支流贾多河、科马杜尔河、古鲁奥尔河、达尔戈尔河均不是常年有水。中游马西纳至廷巴克图河段，河汉和沼泽湖泊众多，是尼日尔河的内陆三角洲地带。

杰巴至河口为下游段，长1 300 km。贝宁境内有梅克鲁河、阿利博里河和索塔河等3条支流汇入。这些河在雨季的洪水较为规律，一年有几个星期的流量维持在50~100 m^3/s之间。下游段流经雨水充沛地区，河系发育，水量丰富，支流众多，有利于航行。

2. 尼日尔河三角洲

尼日尔河三角洲（图4–34）位于尼日利亚境内，地域包括阿比亚州、阿夸伊博姆州、巴耶尔萨州、克罗斯河州、三角洲州、埃多州、伊莫州、翁多州、河流州等尼日利亚南部9个州。南濒几内亚湾，北起农河与福尔卡多斯河分流处，西起贝宁河，东至邦尼河，南北宽约240 km，沿海岸长度约322 km，面积3.6万km^2，由尼日尔河冲积形成。

尼日尔河三角洲地势平缓、河流落差小、流速较慢，但由于受到地壳运动、气候变迁以及河流本身的侵蚀、冲积作用的影响，尼日尔河的河岸宽窄、流量、流速还是有很大差别的。到尼日利亚境内，因河道受北高南低的地形影响，总的来说呈顺流而在尼日尔河河口入海处形成广大的河口三角洲，使河口不断向外海伸展。三角洲由淤泥、粉沙组成，地势低平，湖泊、沼泽、废弃河曲星罗棋布，岔流密布，生长着茂密的红树林。三角洲气候湿热，年降水量2 300 mm。汛期洪泛常引起河流改道，三角洲前沿河口多达20多处。居民向以捕鱼、采集加工油棕和橡胶为生，还种植薯类、花生、玉米等，水稻栽培日益重要。尼日尔三角洲蕴藏着丰富的矿产资源，以石油资源最为丰富，20世纪50年代发现丰富的石油、天然气后，迅速成为重要的石油产区。尼日利亚是非洲最大产油国，有哈科特港、萨佩莱等重要城市和港口。

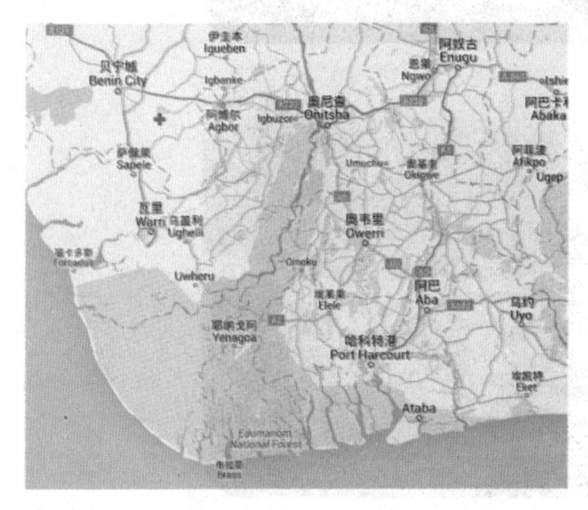

图4–34 尼日尔河流三角洲图

尼日尔河与贝努埃河汇流点的下游，河的流向主要是穿过稀树草原、草地田野。在北部，草短而不连贯，出现了荆棘矮树丛和金合欢树木。草地区的南部，高高的丛生草散布在相当浓密的木质植被上。大约是在奥尼查所处的纬度，河流进入高雨林带，在阿博下方与三角洲的红树林沼泽地植被融为一体（图4-35）。

尼日尔河三角洲河流中有多种鱼类，主要食用鱼有鲇、鲤和尖吻鲈。其他动物有河马、鳄（至少有3种，包括十分可怕的尼罗鳄）以及各类蜥蜴。三角洲上的鸟类很多，湖区还发现有鹅，河中及湖泊周围有鹭、白鹭和鹳。此外，在草原地带的广阔地面处生活着有冠的鸟，鹈鹕和红鹳则特别与贝努埃上游地区有缘。较小的河岸鸟类品种有环鸻、斑鸻、鹬、杓鹬等。

尼日尔河三角洲人口有100余万，部族有班巴拉、马尔卡、博佐、苏尔科、颇尔和图阿雷格等，他们语言不同，服装各异，肤色差别也很大，连从事的职业也不一样：颇尔和图阿雷格人是牧民，博佐和苏尔科人是渔民，班巴拉和马尔卡人则是农民。每当赶集的日子，各部族的人都聚集在一起——不同的民族风俗大荟萃，也成为当地的一大景观。

图4-35　尼日尔河流三角洲风光

美洲三角洲

一、密西西比河三角洲

1. 密西西比河

密西西比河位于北美洲中南部，是北美最大的水系，也是北美最长的河流，源头在美国明尼苏达州西北部海拔446 m的艾塔斯卡湖，流经中央大平原，向南注入墨西哥湾。密西西比河全长为6 262 km，流域（图4–36）面积约为323万km^2，居世界河流的第四位。与尼罗河、亚马孙河和长江合称世界四大长河，是北美大陆流域面积最广的水系。两岸多湖泊和沼泽。河流年均输沙量4.95亿t，河口处年平均流量达1.88万m^3/s。密西西比河流域属世界三大黑土区之一（图4–37）。

密西西比河按自然特征可分成不同河段。源头艾塔斯卡湖至明尼阿波利斯和圣保罗为密西西比河的上游，长1 010 km，地势低平，水流缓慢，河流两侧多冰川湖和沼泽，湖水多形成急流瀑布后注入干流。在明尼阿波利斯附近，河流流经

图4–36　密西西比河流域图

图4-37 密西西比河风光

1.2 km长的峡谷急流带，落差19.5 m，形成著名的圣安东尼瀑布。沿途有明尼苏达河等支流汇入。

密西西比河的中游从明尼阿波利斯和圣保罗至俄亥俄河河口，长1 373 km，两岸先后汇入奇珀瓦河、威斯康星河、得梅因河、伊利诺伊河、密苏里河和俄亥俄河。圣路易斯以北河段，河床坡度大，多急流险滩；圣路易斯附近及其以南地段，河床比降减小，河谷渐宽。自开普吉拉多角以下，河流弯曲度明显增大，河谷开阔，俄亥俄河河口处河面宽达24 km。

俄亥俄河河口以下为密西西比河的下游，长约1 567 km。主要支流有怀特河、阿肯色河、雷德河等。河口处共有6条汊道，长约30 km，形如鸟足。总水量的80%经由西南水道、南水道和阿洛脱水道入海。

2. 密西西比河三角洲

所谓美国的三角洲地区，实际上指的就是密西西比河三角洲。密西西比河冲积形成壮观的三角洲平原（图4-38），它由很多条河流、大片的湿地和海岸很低的小岛组成。三角洲每年向墨西哥湾伸展约100 m，在河口处堆积成面积达2.6万km^2的巨大鸟足形三角洲。

密西西比河三角洲是尖顶朝向陆地、底边指向外海的三角形沉积体，是河流和海洋相互作用、河流沉积占优势的情况下形成的。随着汊道的消长和心滩的进一步扩大，使水下三角洲的前缘不断向海推进，而其后缘因滩地淤高，并覆盖上洪水泛滥堆积物，便形成水上三角洲。由海岸的轮廓和波浪的作用造成的，在波浪作用较弱的河口区，河流分为几股同时入海，各岔流的泥沙堆积量均超过波浪的侵蚀

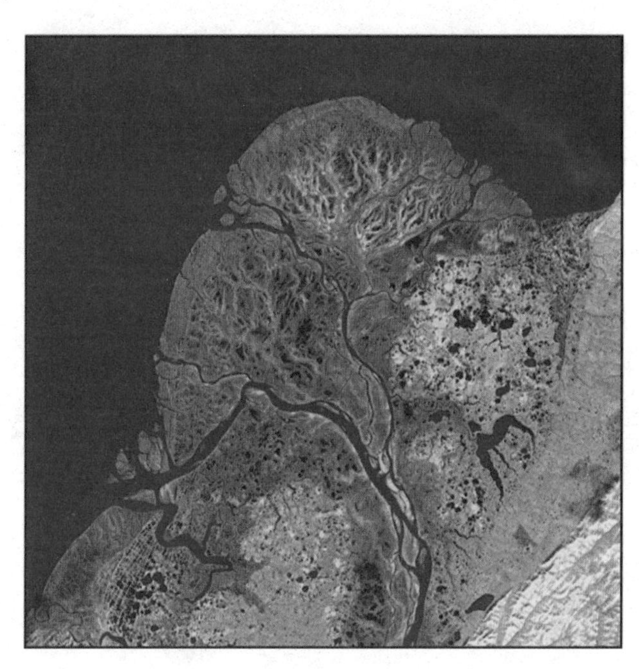

图4-38 密西西比河三角洲影像图

量，泥沙沿各汊道堆积延伸，形成长条形大沙嘴伸入海中。现在三角洲南部呈长条形伸入海中很远，其末端又分成数股水流，约30 km长，形状如鸟足。近年由于新的沉积，鸟足形已不明显。

密西西比河三角洲是一个在全新世形成的、密西西比河注入墨西哥湾时沉积造成的三角洲。在过去5 000年中，这个沉积过程使得南路易斯安那州的海岸线向墨西哥湾内推进了24~80 km。

从侏罗纪开始，密西西比河的沉积物就不断周期性地参加墨西哥湾的造岸过程。整个密西西比河河湾就是这样形成的，密西西比河三角洲只不过是其中最新的一部分。不过，从生态学的角度来看，这部分与过去的部分很不一样。

最近的三角洲形成是从更新世开始的。当时大量海水被结合在冰川中，海平面比今天低约100 m，当时密西西比河的入海口位于今天的墨西哥湾内。1万年前冰川开始融化，导致海平面上升。5 000~6 000年前海平面开始稳定，现代密西西比河三角洲的形成开始了。平均每1 000年左右密西西比河入海的河道会改变一次。随着时间的变迁，原来的河道通过沉积变得越来越长、越来越平缓。随着新的、比较短的、陡峭的河道的形成，密西西比河会转到新的河道，放弃老的河道。老河道失去了淡水和沉积物的来源后会逐渐密集化、下沉、被风化。这样它会逐渐后退，形成河湾、湖泊、海湾和浅滩。750年前，密西西比河的主流开始使用今天的入海河道。550年前，这条河道开始伸入墨西哥湾。约100年前，河水越来越多地通过新奥尔良西北约95 km分支的阿恰法拉亚河入海。20世纪50年代，工程师发现这个新的入海口将很快成为主入海口，原来的入海口被放弃。由于目前的入海河道拥有极大的经济意义，而迁移将花费巨资，美国国会命令美国工程兵团保持当时的70%入海水量分配。为此，美国工程兵团在旧入海河道上修建了大量设施，包括大坝、人工运河和控制潮水的闸门。

密西西比河三角洲也是一个经济重镇，美国有17%~19%的石油产量来自这个地区，16%的渔业（包括虾、螃蟹以及龙虾的捕捞）也分布在这里。

密西西比河三角洲是重要的生态地区，它包括1.2万km^{2}海岸湿地，美国40%的盐沼位于密西西比河三角洲（图4-39）。

图4-39　密西西比河三角洲风光

受人类活动影响，密西西比河三角洲每年都要失去将近52 km^2的湿地。人为的措施对三角洲地区有极大的影响。首先，它们减少了淡水和沉积物进入三角洲地区，减缓了三角洲的建造过程。淡水进入的减少导致盐水入侵，使得本来保护三角洲湿地的淡水植物死亡。同时，海平面的上升加剧了三角洲的风化和侵蚀。因此，近年来三角洲的风化比建造的速度高。

二、奥里诺科河三角洲

1. 奥里诺科河

奥里诺科河是世界大河之一，也是一条国际河流。它发源于委内瑞拉与巴西交界的帕里马山脉德尔加多查尔包德山西坡，呈弧形绕行于圭亚那高原西、北部边缘，最后向东注入大西洋。奥里诺科河及其支流组成南美洲四大水系中最北部的水系，其边界西、北抵安第斯山脉，东界圭亚那高原，南接亚马孙河流域分水岭，其范围包括委内瑞拉约4/5的地区和哥伦比亚1/4的地区。整个河道除了有一段位于委内瑞拉和哥伦比亚的边界线上以外，大部分在委内瑞拉境内。河流长2 740 km，流域（图4-40）面积94.8万km^2。年均径流深度1 300 mm，年均径流量11 984亿m^3，悬移质浓度0.08 kg/m^3，年平均输沙量约3.52亿t。中游平均河宽1～1.5 km，水深10～20 m；下游平均河宽2 km，平均河槽深度为10～25 m，最大深度50 m，水位年变幅12 m。从流入大海的水量来看，在世界大江大河中居第四位，用输沙量来衡量，居世界第十一

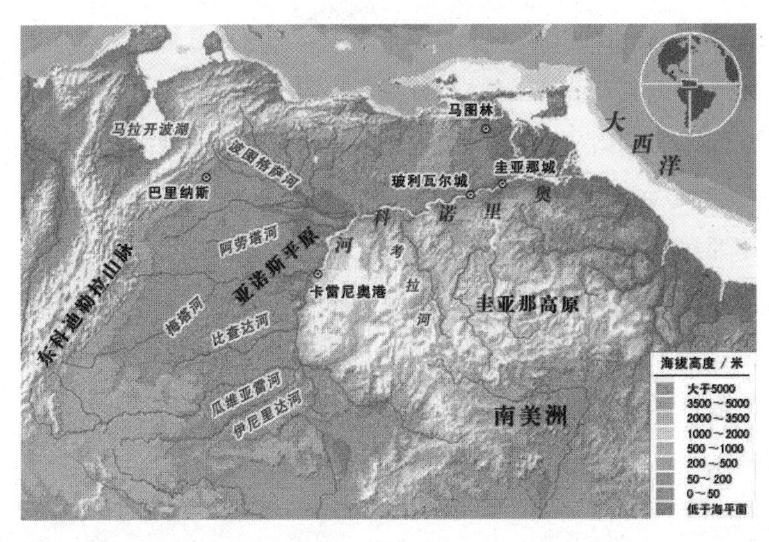

图4-40　科诺里奥河流域图

位。奥里诺科河流域年降水量在1 400 mm以上，河口平均流量达1.4万m^3/s。4～10月为汛期，玻利瓦尔城站最大流量3万m^3/s；11月至翌年3月为枯水期，流量减至8 000 m^3/s。全河通航里程1 000 km以上，海轮可上溯至玻利瓦尔城，河轮可通至阿亚库乔港。

奥里诺科河水量丰沛，支流众多，达436条。右岸主要支流有本图阿里河、考拉河和卡罗尼河，均流经雨林茂盛、少有开发的圭亚那高原。左岸主要支流有瓜维亚雷河、梅塔河、阿劳卡河和阿苷雷河，均发源于安第斯高山，滔滔江水向东流，穿越奥里诺科大平原，汇入奥里诺科河。奥里诺科河大部分流经人迹罕至的雨林和拉诺斯大草原。这个草原包括瓜维亚雷河以北、奥利诺科河下游和圭亚那高原以西的奥利诺科河流域3/5的地区，长期以来被用作牧场，后逐渐发展为南美洲工业化程度最高的地区之一。

圣费尔南多以上为上游，呈东南-西北流向，水流湍急，沿途接纳众多支流，主要支流有本图阿里河、瓜维亚雷河等。

圣费尔南多至阿亚库乔港为中游，主流在圣费尔南多折向北行，长420 km的河段作为哥伦比亚与委内瑞拉的界河，主要支流有比查达河和托莫河等。

阿亚库乔港以下为下游，自帕埃斯港起折向东北，流经奥里诺科平原，地势低平，河面展宽，主要支流有梅塔河、阿普雷河和卡罗尼河。

奥里诺科河一年中有两次沙峰。第一次出现在汛期的涨水季节，第二次出现在汛后的退水期间。在洪峰期间，流经奥里诺科平原的所有支流都有回水，所以河流流速变慢，泥沙随即淤积下来。干流水位降低时，支流比降增大，其中淤积在各支流中的泥沙重新流入奥里诺科河，从而产生了第二次沙峰。奥里诺科河的宽深比较大，许多河段的宽度达2.5 km。在旱季，30%～40%的河床暴露在外，沿江的河床形态清晰可见。奥里诺科河流域还有极其丰富的水能资源，但由于流域内人烟稀少，森林茂密，交通不便，除了在下游主要支流——卡罗尼河上进行了大规模的水电开发和上游一些小支流进行小水电开发以外，大都仍保持着原始状态（图4-41）。

2. 奥里诺科河三角洲

奥里诺科河三角洲位于委内瑞拉境内，由奥里诺科河自西向东流入大西洋冲积而成，面积为26 000 km^2。奥里诺科平原的西半部为草原，平原的东半部为奥里

▲ 图4-41　奥里诺科河风光

诺科河口形成的三角洲沼泽地。

奥里诺科河平原开始形成于第四纪（即过去的160万年）。高地上的大量物质被倾盆大雨冲入河中，河道不能容纳这样多的额外物质，于是河水漫过或冲决河岸，淹没低地，造成周期性的河水泛滥。在这种情况下，水系表现得变化不定，其特点是河流改道，低地变为沼泽和潟湖。奥利诺科河三角洲迅速向大西洋伸展，而河水中积累的大量沉积物也在三角洲地区加速沉淀。奥里诺科河三角洲地理环境的主要特征是西部和北部边界的安第斯山脉和沿海山脉存在活动造山带，在流域中部低地里有小安第斯山断槽和沉积盆地，这些沉积盆地构成了奥里诺科大平原（位于河流西岸）的冲积扇和稳定的圭亚那高原。圭亚那高原东北部主要是由一系列切割侵蚀面组成，中间由陡坡隔开，在西南边，有一小部分是常见的丘陵地带。安第斯山脉和沿海山脉的特点是坡陡峰高，最高处达到5 000 m左右。奥里诺科平原是安第斯山脉的前陆盆地，沉积着大量的泥沙，其西部还在逐步下沉。

奥里诺科河三角洲属于热带干湿气候，主要受赤道槽的季节性波动与北方信风的相互作用。流域内大部分地区雨季在5～10月，南部年平均降水量约为3 000 mm，北部大平原的年平均降水量约为1 200 mm，年最高气温约为38℃，最低气温为18℃左右。本流域径流深度较大，平均为1 300 mm/a，略大于亚马孙河流域。

三角洲大部分平原为无树平原。在低洼地区，有各种沼地草和莎草（图4–42）。在干旱的稀树草原上以长梗的草为主，间有地毯草——这是旱季里呈现绿色的唯一的自然草。平原上最为显眼的是沿河有冲积土的地区的廊状树林以及沿较小的水道狭窄排列的树木。安第斯山麓雨量充足的地区原先有阔叶常绿树。另外，还有少数适应干旱的树木如冬青叶栎和矮小的棕榈。不过，这类天然的树木植被已因砍伐而减少。在圭亚那高原上有高大稠密的树林，有时会有小片的稀树草原间杂其间。奥利诺科河上游河谷的热带雨林有数百种树。三角洲地区大部分为红树林沼泽。长期以来，奥里诺科河三角洲是南美洲的主要牧区之一，以牛群为主。此外，平原上还有棉花、水稻和甘蔗（图4–42）。

三角洲富有石油、天然气、铁、铝土等矿藏。在玻利瓦尔山和埃尔帕奥已开采出含铁量高的铁矿石，其他矿物有锰、镍、钒、铬等，还有金和钻石。奥利诺科河三角洲已开采出石油和天然气。

图4–42　科诺里奥河三角洲风光

Part 5 中国三角洲聚焦

我国地势西高东低，许多大河自西向东注入海洋，在海岸带形成了许多三角洲。其中，尤以黄河、长江和珠江三大三角洲最为著名。

黄河是中国文化的摇篮，是世界含沙量最高的河流，也是世界输沙量最多的河流之一。最近5 000年来黄河下游河道多次迁移，在海岸带造成了3个三角洲，即以天津为中心的老黄河三角洲、江苏北部的废黄河三角洲及山东的现代黄河三角洲。长江源远流长，是我国最长的河流，流量也最为丰沛。珠江是我国南方的大河，也是我国最著名的河流之一。这三大三角洲分别位于我国温带、亚热带和热带，自然地理特征各不相同，但均为人口稠密、经济发达的地区，又是我国对外开放的窗口，天津有我国第一个保税区，上海有全国著名的浦东新区，珠江三角洲有我国成立最早也是最著名的经济特区——深圳和珠海。因此，在我国经济建设中，三大三角洲具有极其重要的地位。

长江三角洲

一、长江

长江（图5-1），古称江、大江，是亚洲第一长河和世界第三长河，也是世界上完全在一国境内的最长河流，全长6 397 km，发源于青藏高原东部各拉丹冬峰，穿越中国西南、中部、东部，在上海市汇入东海。长江流经中国1/5的陆地面积，养育了1/3的中国人口。长江文明与黄河文明常并称为中国历史、文明、经济的两大源泉。繁荣的长江三角洲

图5-1 长江

地区GDP占全国的20%。长江流域生态类型多样，水生生物资源丰富，是多种濒危动物如扬子鳄和达氏鲟的栖息地。几千年来，人们利用长江取水、灌溉、排污、运输、发展工业。建设在长江上的三峡工程是世界上最大的水利工程。

长江正源是一个宽阔的地理单元，它包括昆仑山至唐古拉山间的广阔地域，东西长约400 km，南北宽约300 km，总面积达十万多平方千米。区内地形起伏和缓，平均海拔4 400~4 700 m，年均气温-4℃以下，气温低，植被稀疏，常年冻土广泛分布，动物种类简单，多为高原特有的种类，包括野驴、白唇鹿、野牦牛、雪豹、藏羚羊、棕熊、岩羊等。长江源由北源楚玛尔河、南河当曲和正源沱沱河组成，楚玛尔河发源于可可西里深处的可可西里湖，藏语意为“红水河”，全长约515 km，流量小，夏季经常断源，最后流入长江上游的通天河。

长江干流宜昌以上为上游，长4 504 km，占长江全长的70.4%，控制流域面积100万km^2。宜宾以上称金沙江，长3 464 km，落差约5 100 m，约占全江落差的95%，河床比降大，滩多流急，加入的主要支流有雅砻江；宜宾至宜昌长1 040 km，加入的主要支流包括北岸的岷江、嘉陵江和南岸的乌江。

宜昌至湖口为中游，长955 km，流域面积68万km^2，本段加入的主要支流，南岸有清江及洞庭湖水系的湘、资、沅、澧四水和鄱阳湖水系的赣、抚、信、修、饶五水，北岸有汉江，本段自枝城至城陵矶为著名的荆江，南岸有松滋、太平、藕池、调弦（已堵塞）四口分水和洞庭湖，水道最为复杂。

湖口以下为下游，长938 km，面积12万km^2，加入的主要支流有南岸的青弋江、水阳江水系、太湖水系和北岸的巢湖水系。

长江水系发育，由数以千计的大小支流组成，流域面积在1 000 km^2以上的支流有437条，1万km^2以上的有49条，8万km^2以上的有8条，其中雅砻江、岷江、嘉陵江和汉江4条支流的流域面积都超过了10万km^2。支流流域面积以嘉陵江最大，年径流量、年平均流量以岷江最大，长度以汉江最长。

全流域现有面积大于1 km^2的湖泊760个，总面积17 093.8 km^2。其中，江源区湖泊总面积758.4 km^2，云贵高原区湖泊总面积540.8 km^2，最大的湖泊为滇池，面积297 km^2。中下游区共有湖泊642个，总面积1 579.6 km^2。长江中下游淡水湖泊众多，主要有洞庭湖、鄱阳湖、太湖、巢湖等。这些湖泊既是灌溉水源，又是排涝、调蓄洪水的天然水库，由于泥沙淤积、垦殖等原因，面积日趋缩小。

古长江形成于远古时代，当时长江流域的绝大部分被海水淹没。距今2亿年前的三叠纪时，长江流域被古地中海（即特提斯海）占据，当时西藏、青海部分、云南西部和中部、贵州西部都是茫茫大海。湖北西部，是古地中海向东突出的一片广阔的海湾，一直延伸到今日长江三峡的中部。长江中下游的南半部也浸没在海底，中下游的北部和华北、西北亚欧古陆的东部，地势较高。发生于距今1亿~8亿年前三叠纪末期的印支造山运动中，开始出现了昆仑山、可可西里山、巴颜喀拉山、横断山脉，秦岭突起，长江中游南半部隆起成为陆地，云贵高原开始呈现。在横断山脉、秦岭和云贵高原之间，形成断陷盆地和槽状凹地。同时，云梦泽、西昌湖、滇湖等相互串联，从东向西，经云南西部的南涧海峡流入地中海，与今长江的流向相反。

今长江的形成发生在距今1.4亿年前的侏罗纪时的燕山运动，在长江上游形成了唐古拉山脉，青藏高原缓缓抬高，形成许多高山深谷、洼地和裂谷。长江中下游大别山和川鄂间巫山等山脉隆起，四川盆地凹陷，古地中海进一步向西部退缩。距今1亿年前的白垩纪，四川盆地缓慢上升。夷平作用不断发展，云梦、洞庭盆地继续下沉。距今3 000万~4 000万年前的始新世，发生了强烈的喜马拉雅山运动，青藏高原隆起，古地中海消失，长江流域普遍间歇上升，其上升程度东部和缓、西部急剧。金沙江两岸高山突起，青藏高原和云贵高原显著抬升，同时形成了一些断陷盆地。在河流的强烈下切作用下，出现了许多深邃险峻的峡谷，原来自北往南流的水系相互归并顺折向东流。长江中下游上升幅度较小，形成中低山和丘陵，低凹地带下沉为平原（如两湖平原、南襄平原、鄱阳平原、苏皖平原等）。到了距今300万年前时，喜马拉雅山强烈隆起，长江流域西部进一步抬高。从湖北伸向四川盆地的古长江溯源侵蚀作用加快，切穿巫山，使东西古长江贯通一起。

二、长江三角洲

长江三角洲（图5-2）是长江入海之前的冲积平原，是长江中下游平原的重要组成部分，中国第一大经济区。北起通扬运河，南抵钱塘江、杭州湾，西至南

图5-2 长江三角洲水乡风貌

京，东到海边，包括上海市全部、江苏省南部和浙江省的杭嘉湖平原。面积约为99 600 km²，人口约7 500万，是一片坦荡的大平原。

长江三角洲基底为扬子准地台的一部分。喜马拉雅构造运动中断沉降。第四纪新构造运动中，地壳和海平面频繁升降，最后一次大海侵结束后，长江挟带的泥沙不断沉积，开始在江口发育三角洲。由于科氏力的作用，主江流不断右偏，使江口沙群依次并入北岸。形成于红桥期、黄桥期、金沙期、海门期、北沙期等的沙坝、沙洲群，构成今天长江北岸最大的冲积平原城市盐城以及邗江、泰兴、靖江、如皋、如东、南通、海门、启东诸县地。江口附近的崇明、长兴、横沙等沙岛，也将按此规律并入北岸。江口沙嘴也同步延伸。北岸沙嘴延伸为今三角洲北界，地面高程6～8 m。南岸沙嘴经江阴、太仓、外冈、马桥一线向东延伸，地面高程4.5～6 m，与钱塘江北岸相连后达杭州湾。沙嘴内侧的浅水海湾被淤封成为古太湖的前身。此后，浅水海湾不断淤浅，逐渐演变为湖荡罗布、河道交错的低平原。南岸沙嘴外侧滨海地区不断淤积成滨海平原。

三角洲上散布着一系列海拔100～300 m的残丘，大部由泥盆系砂岩和石炭、二叠系灰岩构成，少数由燕山期花岗岩和粗面岩构成。面积约为5万km²。这里地势低平，海拔基本在10 m以下，零星散布着一些孤山残丘，如常州溧阳的南山、无锡的惠山、苏州的天平山、常熟的虞山、松江的佘山和天马山等。其中，常州溧阳的南山海拔508 m，为吴越第一峰；它们或兀立在平原之上，或挺立于太湖之中，有的成为游览区，有的成为花果山。长江三角洲的顶点在仪征真州附近，在六七千年以前这里是一个三角形港湾，长江河口好似一只向东张口的喇叭，水面辽阔，潮汐作用显著。在海水的顶托下，长江每年带来的4.7亿t泥沙大部分沉积下来，在南、北两岸各堆积成一条沙堤。北岸沙堤大致从扬州附近向东延伸至如东附近，沙堤以北主要是由黄河、淮河冲积成的里下河平原；南岸沙堤从江阴附近开始向东南延伸，直至上海市金山区的漕泾附近，并与钱塘江北岸沙堤相连接，形成了太湖平原。里下河平原位于长江北岸，面积约1.4万km^2，为一碟形洼地。洼地中心湖荡连片，主要有射阳湖、大纵湖等。由于地势低洼，历史上里下河平原洪涝灾害异常严重。为了改变这种状况，国家投资兴修水利工程，西挡淮水，东挡海潮，开挖运河，增强排灌能力，使这个十年九涝的多灾区变成了江淮流域的重要粮食生产基地。太湖平原地处长江以南，是长江三角洲的主体。该平原以太湖为中心，状如一只大盘碟，地形呈周高中低。这样的地形特点使这里上有长江和太湖上游来的洪水，下有海潮倒灌，夏秋季节又常遭台风暴雨袭击，洪涝灾害十分频繁。这里是我国河网密度最高的地区，平均每平方千米河网长度达4.8~6.7 km。平原上共有湖泊200多个。长江三角洲地貌的另一个主要特点是湖泊众多，河网密布，是典型的水乡泽国（图5-3）。以太湖平原中心地区苏州、无锡、常州3市及所辖的12个

图5-3 “水乡泽国”

县市（总面积17 349 km^2）而论，水面面积占总面积31.3%。在太湖东南部的低洼地区，河道密布，平均每平方千米内河道长度达10~12 km，这些河道大部都是人工河道。

长江三角洲平原大致以太湖为中心，海拔一般3~4 m。长江沿岸地势稍高，海拔5~6 m，主要为沿江沙堤。太湖以东，部分地区地势低洼，海拔仅2~3 m，局部地方海拔不足2 m，为受洪涝灾害威胁较重的地区。长江三角洲地貌的主要特点是平原上山丘较多，与黄河三角洲一望平坦的平原景观略有不同，但这些山丘多孤立分散，不成山脉，如太湖沿岸有不少山丘，号称“七十二峰”，如无锡惠山、苏州虎丘都是游览胜地。苏州附近的一些小山以风景秀丽、奇特而著称于世。如灵岩山、天平山等均为花岗岩组成，因垂直节理发育，风化、侵蚀作用使岩石裂罅不断扩大，因而形成陡峭的奇峰怪石，如一线天等。虎丘则由粗面岩和火山角砾岩组成，因粗面岩的假岩理发育，且倾角很小，故发育成广大岩石平台（千人座），同时，岩体中又有垂直节理，故又形成陡峭的奇石，成为苏州著名的风景区。太湖中有岛屿51 座，多由岩石组成，其中洞庭西山的缥缈峰海拔336 m，是太湖地区第一高峰。太湖以东仍有不少山丘，如常熟虞山海拔261 m。直至上海市西部，仍有零星小山，如松江区的余山等，海拔均在100 m 左右。长江沿岸也见零星小山兀立，如江阴的黄山、长山（海拔90 m 左右），南通的军山（海拔108 m）。长江三角洲南侧至浙江杭州湾北岸也有一些孤零山丘分布，如乍浦的陈山、建有核电站的秦山等，海拔均达160~180 m。此外，在三角洲以东距岸较近的东海上，还散布着一些基岩小岛，如大、小金山，现属上海市自然保护区；嵊泗列岛东北的绿华山，距吴淞口68 海里（约合126 km），现已建为上海的矿石、散粮等大宗散货的中转港。

长江三角洲（图5-4）既是地理区域又是经济区域，在全国经济中占有重要地位。长江三角洲城市群简称长三角城市群，位于中国沿江沿海“T”字带，是中国最大的城市群，主要城市有上海、南京、杭州。长三角城市群最初包括上海、南京、苏州、无锡、常州、镇江、南通、扬州、泰州、杭州、绍兴、湖州、嘉兴、舟山、台州、宁波，2009年合肥、盐城、马鞍山、金华、淮安、衢州加入，2013年芜湖、连云港、徐州、滁州、淮南、丽水、宿迁、温州加入，这一都市圈包含的城市达30个（图5-5）。长江三角洲是我国综合实力最强的经济中心、亚太地区重要的国际门户、全球重要的先进制造业基地、我国率先跻身世界级城市群的地区，长三角城市群现已是国际公认的六大世界级城市群之一，其中的上海都市圈致力于建设成为世界第一大都市圈。

很早以前人类就在长江三角洲从事渔猎和农耕活动。经公元4～6世纪东晋、南北朝和12～13世纪南宋两次大移民，以及10世纪以来的河网建设（图5-6），长江三角洲逐步发展成为我国著名的“鱼米之乡”和“丝绸之乡”。

图5-4　长江三角洲一隅

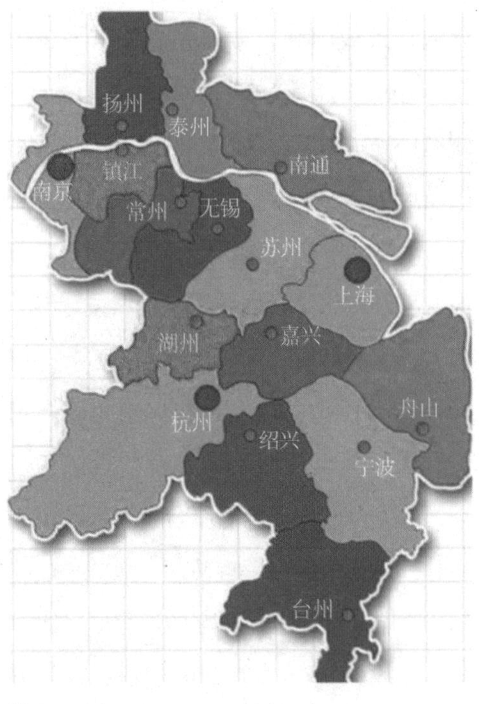

图5-5　长江三角洲城市分布

图5-6　长江三角洲一角

长江三角洲位于亚热带沿海，气候温暖多雨，四季分明，年降水量约1 100 mm，无霜期约230 天。降水主要集中在5~9 月（占全年降水量60％以上），其中尤以4~5月的春雨、6~7月的梅雨和9月台风雨时节降水最为集中，它们分别是长江三角洲的三个多雨期。季风是影响长江三角洲气候的重要因素。每年季风到来的迟早和强度使气候年际变化较大。同时，长江三角洲又是我国冷暖气团交绥之区，天气变化复杂，旱涝、低温、阴湿、台风等气候灾害时有发生。

在地方气候上，长江三角洲有两个明显的特点：

第一是太湖对气温的影响。太湖面积2 428 km^2，平均水深1.9 m，是一个大型浅水湖泊。在我国三大三角洲中，只有长江三角洲有这样大型的淡水湖。这不仅是长江三角洲地貌的一个特点，而且对广大湖区的小气候也有重要影响。巨大的湖泊水体可以调节气温，使湖面冬季气温比远湖陆地高，夏季气温比远湖陆地低。太湖水浅，冬季对气温调节的效应远比夏季显著。西太湖1月平均气温比湖泊周围陆地高出1℃多，而极端最低气温则可高出3℃~5℃。太湖地区的年平均气温已可满足柑橘生长，但在冬季寒潮入侵时，常出现-7℃以下的低温，使柑橘遭受冻害。太湖东南部东山一带，受太湖调节作用影响较大，极端最低气温要比太湖西北岸陆地高出3℃左右，有利于柑橘生长。

第二是上海市区的“热岛”效应。世界一些大都市的中心由于人口稠密、建筑物密度大，烟尘多，气温常较周围地区为高，形成小范围的高温中心，称为“热岛”。上海是我国第一大都市，市区人口700多万，人口密度平均每平方千米19 000人，个别区域达100 000人，且绿地覆盖率仅9.7%，新建的高层房屋中绝大部分为白色平顶，吸收太阳辐射热多。反之，郊区水田多，太阳能部分消耗于水的蒸发、蒸腾。因此，上海城区气温明显高于周围郊区，成为“热岛”。上海城区热岛效应尤以夏季最为显著。市中心黄浦区7月最高气温平均比郊区莘庄镇高出1.5℃，1月的最低气温则高出2.2℃。城区有两个高温中心，一是人口密度最大的黄浦区，一是杨浦区及周家渡黄浦江沿岸工厂密集区。

长江三角洲地区是中国交通、城市建设最为发达的地区之一。随着长三角城市化进程的加快，为人们提供“生活调剂品”的旅游市场也开始在中国率先酝酿变局，更加注重心灵感受与精神休憩的休闲度假产品开始成为市场新宠。顺应这一市场潮流，长三角各地的旅游产品开发也不约而同地竞相争打“休闲牌”。休闲度假成为长三角旅游界的“流行语”。长三角是中国著名旅游区域，温暖湿润的气候，江南特色的山水景色，悠久灿烂的历史人文资源，丰富多彩的物产和工艺品，便捷的交通，与国际接轨的服务设施，都使长三角地区的旅游业日益兴旺。

上海一向是长三角地区旅游的龙头城市，其城市风貌和繁华的商业、豫园等古迹、东方明珠塔、上海新天地等，都是吸引人的旅游亮点。“天下第一富贵风流城”绍兴有“魏晋风流朝圣地”兰亭、“一夜飞渡镜湖月”的镜湖等。杭州的西湖天下闻名，还有钱塘江、富春江、新安江、千岛湖等许多景区。苏州是中国重要的旅游目的地，不看苏州古典园林是人生遗憾，古城、古镇、太湖也是苏州旅游的重要内容。南京是我国重要的历史文化古城，中山陵、明孝陵、玄武湖、雨花台都是著名景点。扬州是历史文化名城，泰州的千岛菜花、水上森林成为生态旅游的热门地方。无锡旅游资源丰厚，特别是鼋头渚、锡山、惠山、灵山大佛、太湖风光、三国城等，每天吸引着成千上万的游客。

常州、镇江、南通也是长三角地区的重要旅游城市。嘉兴在浙江北部，南湖不仅是景色优美的旅游胜地。而且是中共一大的召开地。湖州是太湖南岸的重要旅游城市，不仅历史文化丰厚，景色也十分优美。舟山是群岛，海岛风光在长三角地区别有风采。普陀山素有“海天佛国、观音道场”之称，宗教旅游也是一大特色。奉化溪口雪窦山风景区、供奉如来佛舍利的阿育王寺、有7 000多年文明史的“河姆渡文化”遗址、丰富的购物市场，使宁波的旅游重镇地位不可动摇。长三角地区还有许多县（市），旅游资源也十分丰富，成为重要的旅游城市，如吴江、昆山、宜兴、江阴、句容、临安、富阳、诸暨、义乌、安吉、张家港等。长三角的无障碍旅游合作，堪称长三角一体化中进程中最为顺利的合作之一。作为中国旅游经济最为活跃的地区之一，苏、浙两省和上海市共拥有25个中国优秀旅游城市（图5-7）、48个国家AAAA级旅游区，拥有全国总量20%左右的旅行社，在全国百强国内旅行社中占有一半的席位。而且这三个省市地缘相近、血缘相亲、文脉相连，在旅游资源上具有很强的互补性，上海的都市风情、江苏的文化旅游与浙江的自然山水相互映衬，使三地旅游强强联手，成效卓然。

图5-7 长三角城市夜景

珠江三角洲

一、珠江

珠江又名粤江，因流经海珠岛而得名；是东、西、北三江及珠江三角洲诸河的总称，珠江流域位于北纬21° 31′ ~26° 49′ 、东经102° 14′ ~115° 53′ 之间。珠江发源于云贵高原乌蒙山系马雄山，珠江流域覆盖我国云南、贵州、广西、广东、湖南、江西6个省（区）和越南北部，在下游从8个入海口（口门）注入南海，形成珠江三角洲。全长2 214 km，流域面积453 690 km^2（其中，442 100 km^2在中国境内，11 590 km^2在越南境内），年径流量3 300亿m^3，居全国江河水系的第二位，仅次于长江，是黄河年径流量的7倍，其长度及流域面积均居全国第四位。珠江水系共有大小河流774条，总长超过36 000km，丰盈的河水与众多的支流给珠江的航运事业提供了优越条件，其航运价值仅次于长江。珠江水系水能资源蕴藏丰富，天生桥、鲁布革、大藤峡、新丰江等水利枢纽都位于珠江水系。珠江流域面积广阔（图5-8），多为山地和丘陵，占总面积的94.5%，平原面积小而分散，仅占5.5%。珠江流域旅游资源丰富，著名的桂林山水、黄果树瀑布都分布在珠江流域。珠江水系中，东江、流溪河、北江大致由东北向西南流，西江、潭江大致自西向东流，并都汇于珠江三角洲河网区，整个水系呈扇状分布。

珠江水系的最大特征是复合水系，这点与长江、黄河不同。西江、北江和东江水系汇合于三角洲区，使广州成为“三江汇总”。西江是珠江水系的最大干流，实测多年平均年径流深636.3 mm，径流总量为2 237亿m^3，年输沙量7 100万t，侵蚀模数达202 t/a·km^2。

珠江三角洲是复合型三角洲，包括西江、北江思贤以下，东江石龙以下网河水系和入注三角洲其他诸河，主要有高明河、沙坪水、潭江、流溪河、沙河、西福河、增江、雅瑶河、南岗河及独流入河口湾的茅洲河、深圳河等。此区集水面积为

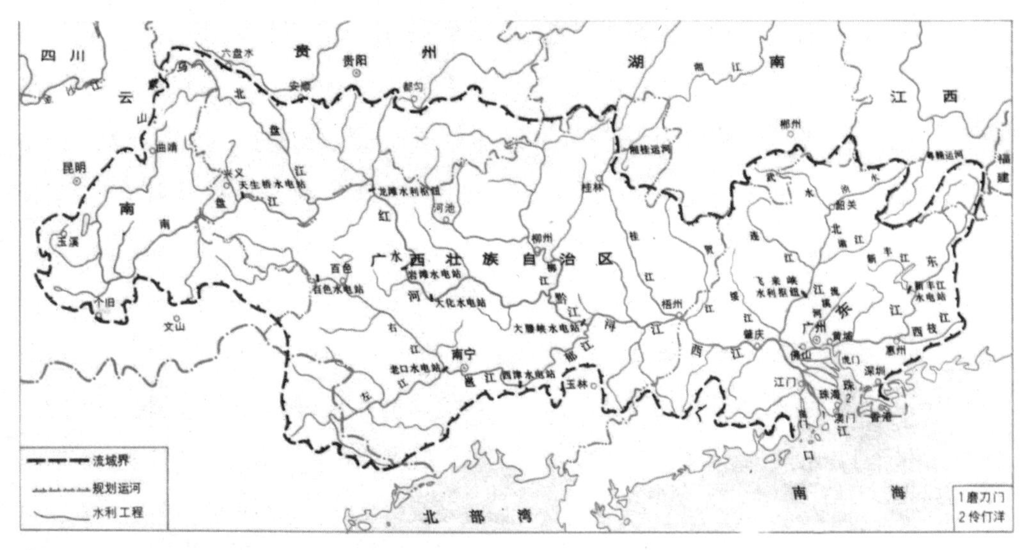

图5-8　珠江流域图

26 820 km²，占珠江流域总面积的5.91%，占广东境内珠江流域面积的24.1%。其中，三角洲面积9 750 km²（西、北江三角洲8 370 km²，东江三角洲1 380 km²），入注三角洲其他诸河上游部分的面积为17 070 km²（入注西北江三角洲的为10 150 km²，入注东江三角洲的为6 920 km²）。

珠江三角洲河道呈网状，河汊纵横，互相沟通，在经过联围治理之后，现河网区水道总长仍达1 600 km以上。最后经8大口门注入南海。据统计，纵向河道弯曲系数为1.03~1.23，横向河道弯曲系数为1.26~1.46。西北江三角洲纵向河宽400~500 m或1 600~1 800 m；横向河宽200~300 m或10至数十米。天然河网密度平均为0.81 km/km²。河道属较深窄类型。主流泄出通道基本上各自成体系。

水系支流众多，水道纵横交错。西江是水系主流，发源于云南省沾益县马雄山。干流上、中游各段分别称南盘江、红水河、黔江和浔江，在梧州以下称西江。干流全长2 129 km，流域面积35.5万km²。主要支流有贺江、北盘江、柳江、郁江和桂江，总落差2 130 m，北盘江上的黄果树大瀑布水头高达70 m。北江的正源是浈江，源于江西省信丰县，在韶关附近与武江相会。韶关以上水流湍急，韶关以下河道顺直，沿途有滃江、连江汇入，在穿越育仔峡、飞来峡后进入平原，河宽水浅，至思贤窖流入珠江三角洲。

干流长582 km。东江发源于江西省寻乌县大竹岭。上源称寻乌水，西南流入广东省。上游河窄水浅，两岸为山地，干流长523 km（图5–9）。

珠江每年入海水量为3 260亿m^3。珠江多年平均含沙量0.11~0.64 kg/m^3。含沙量最小的河流是潭江（潢步头站），为0.11 kg/m^3；最大的是北江上游浈江，为0.32 kg/m^3，以及西江支流罗定江（官良站），为0.64 kg/m^3。珠江多年平均输沙量8 579万t，西江控制站中高要水文站的输沙量占珠江总输沙量的82.8%。这些泥沙在珠江河口区淤积下来，使珠江三角洲形成和发展。

珠江流域总的地势是西北高，东南低。流域分水岭最高点为乌蒙山，海拔2 853 m；山地丘陵占总面积的94.4%。西北部为平均海拔1 000 ~ 2 000 m的云贵高原，在高原上分布有盆地和湖泊群。高原边缘地区急流瀑布很多，其中以北盘江打帮河上源白水河上的黄果树瀑布最为著名。在云贵高原以东，是一片海拔500 m左右的低山丘陵，称两广丘陵。在低山丘陵之间也有不少海拔达到或超过千米的山岭，同时分布有许多盆地和谷地。在广西以及云贵高原东部广泛分布着石灰岩，到处可以看到奇异的石林、深邃的洞穴和地下暗河，以云南的石林和桂林的山水最为典型。珠江下游的冲积平原是著名的珠江三角洲，河海交汇，河网交错，平畴绿野，美丽富饶，具有南国水乡的独特风貌。

图5–9　珠江上游水系

珠江流域地层岩性多样，沉积岩、岩浆岩、变质岩均有分布。沉积岩从前震旦系至第四系均有出露，其中以泥盆、石炭、二叠、三叠等系最为发育。岩浆岩集中分布于广西东部和广东境内，出露面积占流域面积的22%，其中花岗岩占绝大多数。

两广沿海地区大部分为丘陵地，地势北高南低，沿海有一系列中、低山地分布，成为沿海诸河与珠江水系的分水界。沿海诸河河口处分布有大小不一的冲积平原或三角洲，其中韩江三角洲面积较大。沿海台地主要分布在雷州半岛以及粤东的海陆丰、惠来西部一带。

二、珠江三角洲

珠江三角洲旧称粤江平原，位于中国广东省东部沿海，是西江、北江共同冲积成的大三角洲与东江冲积成的小三角洲的总称，是放射形汊道的三角洲复合体，是我国亚热带最大的冲积平原。珠江三角洲呈倒置三角形，底边西起佛山市三水区、广州市，东到石龙为止，顶点在崖门湾，面积约1.13万km^2。珠江三角洲毗邻港澳，与东南亚地区隔海相望，海陆交通便利，被称为中国的“南大门”（图5-10）。

珠江三角洲基岩浅，来沙量大，故岸线不断向海伸展。三角洲在约距今6 000年上下形成，当时岸线可由三角洲上山丘坡脚海岸地形如海崖、海蚀穴、海蚀平台及沙堤等定出。今天，三角洲平原山丘脚下可见到这些海岸地形，如广州七星岗海

图5-10　珠江

——地学知识窗——

山地

具有一定坡度、高差较大又相互连绵，突出于平原或台地之上的地貌形态，称为山地。山地是山岭、山谷和山间盆地的总称，其形态要素包括山顶、山坡和山麓。地貌学中一般按照绝对高度（海拔）将山地分为4类：海拔高度大于5 000 m的称为极高山；海拔3 500~5 000 m的称为高山；海拔1 000~3 500 m的称为中山；海拔500~1 000 m的称为低山。从景观可视度来说，按地形的相对高度将山地分为4类：低山，相对起伏高度200~500 m（小于200 m是丘陵）；中山，相对起伏高度500~1 000 m；高山，相对起伏高度1 000~2 500 m；极高山，相对起伏高度大于2 500 m。旅游地学是按山的相对高度对山地进行分类的。

蚀崖及海蚀平台等。三角洲即在这些海岸地貌前缘开始发育，如西江下游平原已伸至广利附近，因该处蚬壳洲贝丘和屈肢葬新石器遗址年代下层为7 170±140年，而陶片为5 680±284年（热释光），博罗葫芦山贝丘亦在平原上，即表示各河下游三角洲已有发育。按海相硅藻（咸水种）、有孔虫及淤泥层分布，各河下游三角洲区基本反映出大西洋期海侵范围，即距今6 000年前的岸线北达清远盆地、西达肇庆盆地（赵焕庭，1990），东达博罗盆地和潼湖。

据分析测定，近5 000年间，沉积速率在前2 500年为2.180 mm/a，后2 500年为2.710 mm/a，后者比前者大19.5%。三角洲平原推进速度在唐代（距今约1 000年）以前平均为9.1 m/a（西、北江三角洲）和7.25 m/a（东江三角洲）；唐宋（距今1 000~700年）以后分别为37.3 m/a和14.5 m/a；近100年间，万顷沙为63.6 m/a，灯笼沙为121.7 m/a。东、西、北三江各在入海处冲积成一个小型三角洲，连缀而成珠江三角洲，面积1.13万km^2。目前，各小三角洲的前缘仍以每年约100 m的速度向海中发展。珠江属少沙河流，多年平均含沙量为0.249 kg/m^3，年平均含沙量8 872万t。据统计分析，每年约有20%的泥沙淤积于珠江三角洲网河区，其余80%

的泥沙分由8大口门输出到南海。

从新石器遗址看，三角洲范围在东江三角洲区，基本上以新石器遗址为海岸线所在，因东江三角洲中部无岩岛，大部分仍为海面，故东江三角洲四邻即为4 000年上下的新石器时代岸线。西北江三角洲顶部亦已开始形成，因金利茅岗水上干栏遗址为4 140±90年（^{14}C测定），腐木层为3 970±110年（华南师大地貌室，1988）、西樵山贝丘年代由6 120±130年（同上）到4 905±100年，出土石器达53 000件以上（曾骐，1991），可见附近已有大片陆地。南海石碣海蚀崖下附生的蓝蚬年龄亦为4 640±280年，即西北江三角洲向南已达西樵山、佛山一线以南（水藤淤泥为3 997±190年）。

2 000年前（秦汉时代），东江三角洲由东江、增江两个三角洲合并，下伸至中堂（有汉代应堂庙），南面仍为海域。西北江三角洲向东北伸延已达南华水道之北（即东海水道）。因杏坛已发现汉代陶片等文物埋深2 m（逢简村）。淡水马来鳄已生长在勒流，年代为2 540±120年。石涌为南越相吕嘉故乡，故其附近当为平原。陈村汉代亦已成陆。

1 000年前（唐代）岸线，东江已至东莞城，即东江三角洲顶部已发育，但大部仍为珠池。番禺冲缺三角洲顶部已发育，因《元和郡县志》说“广州正南去大海七十里”，可见地正当今沙湾、顺德间岸处。中山冲缺三角洲顶端亦已发育，因黄巢已在今容奇、桂洲、马齐等地驻军就食，可见附近已是大片水田之乡。新会冲缺三角洲也有顶部平原发育，如新会即为隋代的州治所在，表示当时已有大片平原生成。唐代地层多埋掩汉代地层，汉唐千年间三角洲岸线推进不大，可能与此期为海面上升时期有关。

700年前（宋代末年），岸线南进到各冲缺三角洲中部，东江已达麻涌、大汾、道滘一线；番禺已达榄核、鱼窝头一线，西樵涌已有记载（1233）；中山岸线在横栏、浮圩（今名阜沙）、黄圃、潭州一线；新会附近宋代已成潮田，礼乐、外海一线成沙；潭江则以双子、黄冲一线在此期发展较快，这是宋代时珠玑港南下移民涌入三角洲筑堤开发的结果，把潮田改为坦田，海平面下降亦有影响。

400年前（明末）岸线，因宋代筑堤束水归槽，各冲缺三角洲加快淤积成沙，如中山宋初属东莞，南宋始入广州，因北宋时香山和番禺隔海150 km，不如去东莞方便。这说明南宋时中山冲缺三角洲已伸至石岐、港口一带，即东海十六沙和西海十八沙已成。番禺冲缺三角洲已至下横沥（义沙），洪奇沥口门初成。新会冲缺三角洲已达南缘九子沙，岸线由礼乐南移连熊子山（即熊洲）。东江三角洲大部成陆于宋末。明末伸至漳澎以东，南支流亦伸至厚街北面。明代三角洲岸线前进加速也是人工影响，明代不再如宋代筑堤护田，而是筑堤成田，还在滩面种芦、草促淤。斗门三角洲顶部已开始发育，即今大鳌沙已形成，睦州、三江口亦已涨出。黄布、大沙已成，只在竹洲、粉洲以南才入海岛。

100多年前岸线又推进，在斗门冲缺三角洲外缘磨刀门口，即竹排沙，灯笼沙东头、西头围；新会则进至三江圩西银洲湖岸，番禺海岸线是把乌珠大洋填平，万顷沙已到十涌。东江则进展慢，是因为狮子洋潮汐力强。

总之，珠江三角洲岸线不断向海推移，有快慢时期，在自然因素上，与海平面升降变化有关，在高海面期岸线推进减慢，低海面期则较快。人为因素则为建堤围等，如宋代筑堤护田，使下游沙田淤积加快，明代筑堤做田，种芦积泥均使成沙加速。而潮汐作用和上游来沙来水亦有影响，如虎门及崖门水道淤积特慢，即是潮流强劲之故。虎门与崖门间三角洲区则淤积加强。珠江三角洲热带特征反映在河网上，是水量大，含沙量小，分汊放射河道多，宽深水道发育。但由于发育历史由中更新世后开始，下沉量又不大，故它与长江、黄河三角洲的最大差别是形成历史短，沉积物厚度小，而向海湾推进则较快。珠江三角洲是在溺谷湾内的多河道上淤积而成的，故称为复合三角洲。但面积不大，故发展潜力不如长江三角洲。

从地形界限看，罗平山脉是珠江三角洲的西面和北面的界限，即罗平山脉以西为西江谷地区，习惯上称为粤西山地；山脉以北为北江水系，或称为粤北山地。罗浮山区是珠江三角洲的东界。珠江三角洲有1/5的面积为星罗棋布的丘陵、台地、残丘，海岸线长达1 059 km，岛屿众多，珠江分8大口门出海，形成所谓“三江汇合，八口分流”的独特地貌特征。三角洲冲积层薄，一般仅20～30 m。地面起伏较大，四周是丘陵、山地和岛屿。中部是平原，分布在广州市以南、中山市以北、江门以东、虎门以西。三角洲上有160多个基岩残丘，距今6 000～2 000年前时原是浅海湾中的岛屿。珠江含沙量不多，多岛屿的浅海湾有利于泥沙滞积，所以2 000年来三角洲发展较快。残丘海拔300～500 m，往往成为秀丽的风景区（图5-11），如西樵山、五桂山、崖山等。

珠江三角洲河网纵横，水资源丰富，但时空分布极不平衡，较大水道近百条，较小的港汊更多，交织成网，是世界上最为复杂多变的河网区之一。珠江入海处常有残丘夹峙，形势险要，称为“门”。著名的有虎门、磨刀门、崖门等。珠江水系年均输沙量达8 000多万t，河口附近三角洲仍在向南海延伸。在河口区平均每年可伸展10～120 m，成为中国重点围垦区之一。各个口门由于分水分沙的条件不同，淤涨速度也不一致。蕉门与洪奇沥间的万顷沙平均每年外涨110 m，磨刀门的灯笼沙为80～100 m，而虎门、虎跳门一带则不足10 m。珠江三角洲的地理位置是在北回归线以南（小三角洲计），以大三角洲计，在北纬23° 40′ ~21° 30′ 之间，即绝大部分属于热带范围。从气候上看，大三角洲属于热带地区（见竺可桢等《物候学》，1962）。地貌发育上也有此特色，植被景观更受其影响，发育为

热带季风雨林植被。由于三角洲北面为粤北山区，对北来寒流起屏障作用，使热带植被能沿谷地侵入北回归线以北山区。三角洲属于亚热带气候，终年温暖湿润，年均温21℃～23℃，最冷的1月均温13℃～15℃，最热的7月均温28℃以上。6～10月，常有台风影响，降雨集中，天气最热。年均降水量1 500 mm以上。多雨季节与高温季节同步，土壤肥沃，河道纵横，对农业有利。水稻单位面积产量在中国名列前茅。热带、亚热带水果有荔枝、柑橘、香蕉、菠萝、龙眼、杨桃、芒果、柚子、柠檬等 50 多种。珠江三角洲有制糖、丝织、食品、造纸、机械、化工、建筑材料、造船等工业，当地人民创造了“桑基鱼塘”“果基鱼塘”“蔗基鱼塘”等经营方式，既利用了优越的自然条件，又护养了农业生态系统，又由于修筑堤防，建立电力排灌系统，防止了洪涝灾害和海潮侵袭，更促进了农业的发展（图5-12）。

珠江三角洲地区包括广州、深圳、珠海、佛山、江门、中山、东莞，惠州市的惠城区、惠阳、惠东、博罗，及肇庆市的端州区、鼎湖区、高要、四会等地。全区面积占广东省总面积的23.4%，人口占广东省总人口的31.4%，近年来实现国内生产总值占广东省国内生产总值的70%左右。

珠江三角洲是全国经济发展最迅速的地区之一。随着经济的快速发展，该地区

图5-12　珠江三角洲一隅

的社会发展呈现出农村工业化程度高、城乡一体化进程快等特点。珠江三角洲地区是全国最大的外来务工人员聚集地。现在，在该地区就业的外来务工者有数百万，形成了规模庞大、富有特色的外来务工人员流动群。这种社会流动符合现代市场经济的规律，是人力资源优化配置的自然体现。经过多年的探索和努力，政府有关部门和劳务机构对外来务工者的管理，已经基本上实现了依法管理，使社会流动从无序走向了有序。珠江三角洲地区经济最重要的特点是外向型。目前，珠江三角洲地区的国民生产总值约一半是通过国际贸易来实现的，外贸出口总额占全国的10%以上。不少企业的绝大部分产品供应国际市场。珠江三角洲地区发展外向型经济的基本途径是从境外引进资金、先进的技术、设备和管理。同时，本地区有临近港澳的位置优势，有地处侨乡的优势，有优良海港多的优势和劳动力丰富的优势等，再加上国家的优惠政策，使这里成为吸引外商投资和外企落户的宝地。珠江三角洲地区充分发挥毗邻港澳的地缘优势和侨胞遍及世界各地的有利条件，以国际市场为导向，以国内市场为依托，推动外向型经济高水平、快速度发展。

珠江三角洲城市发展日新月异，综合经济实力居全国前列的城市主要有广州、深圳、珠海等。

广州（图5-13）位于广东省中南部，珠江三角洲北缘，濒临南海，邻近香港和澳门，是中国通往世界的南大门。广州属丘陵地带，地势东北高西南低，北部和东北部是山区，中部是丘陵、台地，南

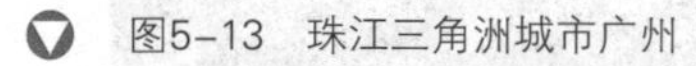
图5-13　珠江三角洲城市广州

部是珠江三角洲冲积平原，珠江从广州市中心穿流而过。改革开放以来，广州经济建设取得了显著成绩。工农业生产持续稳定增长，对外经济贸易蓬勃发展，已成为工业基础较雄厚、第三产业发达、国民经济综合协调发展的中心城市。

深圳（图5-14）又称为“鹏城”，位于中国南方珠江三角洲东岸，是中国第一个经济特区，于1980年8月26日正式设立。全市土地总面积为1 953 km²。经过30多年的建设和发展，深圳由昔日的边陲渔村发展成为具有一定国际影响力的新兴现代化城市，创造了世界城市化、工业化和现代化的奇迹。深圳是中国口岸最多和唯一同时拥有海、陆、空口岸的城市，是中国与世界交往的主要门户之一，有着强劲的经济支撑与现代化的城市基础设施。深圳的城市综合竞争力位列内地城市第一。

珠海市位于广东省南部，是著名的花园式海滨城市，东与香港水域相连，南与澳门陆地相接，为中国最早设立的经济特区之一，享有全国人大赋予的地方立法权。珠海市现辖香洲区、斗门区和金湾区，陆海总面积7 660 km²，其中，陆地总面积1 630 km²，海岸线长达690 km，拥有146个海岛，有“百岛之市”美称。为确保本身的高科技和旅游地位，珠海抑制重工业发展。按总工业输出额计，主要

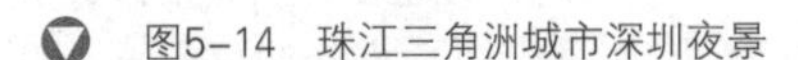
图5-14　珠江三角洲城市深圳夜景

工业门类依次为电子及通信设备、电子仪器及机械、办公室仪器。经过30余年发展，珠海从昔日经济落后的边陲小县一跃成为新型花园城市，形成了以高科技为重点的工业体系，综合发展的外向型经济格局初具雏形；社会生产力迅速发展，经济实力大大增强；社会主义精神文明建设取得丰硕成果，人民群众精神面貌焕然一新。

黄河三角洲

一、黄河

黄河是中华民族的摇篮，华夏文明的发祥地，我国的第二大河流。它发源于青海省巴颜喀拉山北麓，流经青海、四川、甘肃、宁夏、内蒙古、陕西、山西、河南和山东等9省（区），最后在山东省东营市汇入渤海，形成黄河三角洲。

黄河干流全长5 464 km，沿途汇集了35条主要支流，年径流量达4.8×10^{11} m^3，流域面积约7.52×10^5 km^2（图5−15）。黄河从源头到内蒙古托克托县是上游，托克托县至河南省孟津县属中游，孟津县以下为下游。

黄河的源头地区——青藏高原平均

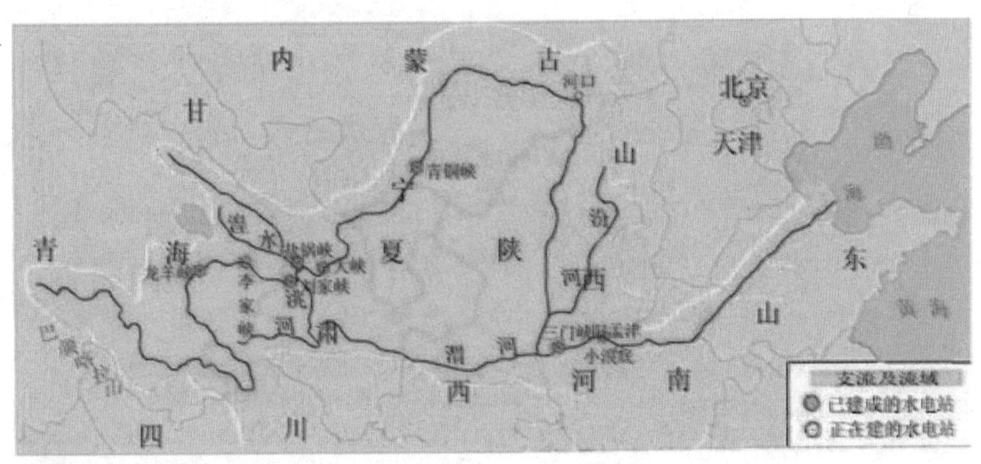

图5−15 黄河水系简图

图5-16　黄河上游河曲景观

海拔4 200 m，海拔5 000 m以上的山主要有巴颜喀拉山和布青山等。整个地形特点是山高、地势缓，河水流量小，气候以低温、干旱、风速大、气压低、缺氧和紫外线强度大为特征。这导致黄河源区各种风化作用和剥蚀作用弱，提供的陆源物质很少。黄河上游总流程为3 472 km，卡日曲汇合了约古宗列曲、马涌曲和扎日卡曲，是黄河的正源（图5-16）。

黄河过龙羊峡之后，河谷两边出现了黄土，河水开始变浑浊。黄河从托克托急转南下，穿行在晋陕交界的高山峡谷中，河道窄、落差大、流速极快。黄河出龙门后，在潼关汇集渭河，然后折向东流，过

——地学知识窗——

深切河曲景观

又称嵌入河景观。发育在山地、深深切入基岩的河流，称深切河曲。河曲形成后，如地壳复又抬升，河流下切速度与地面的抬升速度基本协调时，河曲则保持原来弯曲的形式逐步下切到基岩深部。它具有山地峡谷的特点，如嘉陵江、永定河、滹沱河穿越山区地段，都发育有典型的深切河曲。深切河曲不断发展，也会发生截弯取直，取直后在原弯曲河道的中间，留下相对凸起的基岩弧丘，称为离堆山。

图5-17　黄河岸边城市

了三门峡至孟津。托克托至孟津相距1 122 km。

黄河在孟津出山口，由山区进入平原，河床突然展宽，坡度减少，流速减缓，于是粒径大于0.05 mm的粗粉沙首先沉积下来，形成巨大的山前冲积扇缓斜平原，扇面上的黄河河道宽而浅，主流游荡不定，属游荡型辫状河，是中游泥沙主要沉积区。陶城埠以下黄河逐渐过渡为低弯河道，每年约有近4.0×10^8 t 泥沙沉积在黄河大堤内，使河床每年抬高10~20 cm。黄河下游流域面积很小，流入黄河的河流也很少。黄河以北的河流向北流入海河，属海河流域；黄河以南的河流流入淮河，属淮河流域。黄河起着分水岭的作用，这与黄河淤积量大、河床高出地面有关。在过去3 000年，黄河下游发生决口和改道1 593次，较大的有26次；自1855年黄河入渤海以来，三角洲平原主河道发生过10次大的改道。

黄河下游的流程为870 km。黄河是世界上泥沙含量最高的河流。河南陕县附近泥沙含量平均达37.0 kg/m^3，比世界上其他大河高十几倍到几十倍。黄河每年搬运泥沙量达1.6×10^8 t。黄河的物源主要来自包头至河南陕县一带。黄河在龙羊峡以上水体清澈，沉积物搬运量极低。到了贵德以下，流域内开始出现黄土，水流变得浑浊。黄土高原的黄土层厚100~200 m，分上、下两套。上套为晚更新世的马兰黄土，浅黄色，厚35~70 m，覆盖面积大。马兰黄土之下为含有红色条带的古土壤，也叫老黄土，属早、中更新世。研究表明，黄土是一种结构松散、具较高孔隙度的粉沙质黏土。循化地区泥沙含量只有约2.0 kg/m^3，兰州增至3.0 kg/m^3。黄河在兰州以上补给的水量占60%以上，而挟带沉积物的量只占约7.0%。在兰州以下流域内是世界上最大的黄土高原。黄土土质疏松，沟壑纵横，植被稀少，每逢暴雨，大量表层土壤被剥蚀，通过小沟、支流进入黄河。整个黄河中游地域水土流失面积达4.3×10^5 km^2，剥蚀量达4.6×10^3 t。可以说，青藏高原主要提供水源，而黄土高原主要提供沉积物来源。

二、黄河三角洲

黄河三角洲简称黄三角，地理学上的黄河三角洲仅指黄河在今山东东营市利津县以下以及向下冲积而成的三角洲平原。它是我国最大的三角洲。

广义的黄河三角洲，指北至中国天津市、南至废黄河口、西起河南省巩义市以东黄河冲积泛滥地区；狭义的黄河三角洲指1855年以后黄河在山东省利津县以下冲积成的三角洲。此处大多为海拔4 m以下的沿海低地（图5-18），地下水位高，土壤盐渍化严重，大部仍为荒地。入海的泥沙约有40%在河口附近淤积，形成拦门沙、沙嘴及其两侧的烂泥湾。海岸线平缓。黄河尾闾由于泥沙淤积，河床变高，排洪不畅，或凌汛冰塞壅水或人为原因，入海水道经常改变，平均约8年改道一次。自1855年，已知南半部大致有16次，北半部有10次。现黄河入海口是1976年5月形成的。黄河三角洲位于渤海湾南岸和莱州湾西岸，

图5-18　黄河三角洲景观（一）

地处北纬117° 31′ ~119° 18′ 和东经36° 55′ ~38° 16′ 之间，主要分布于山东省东营市和滨州市境内，是由古代、近代和现代三个三角洲组成的联合体。

古代三角洲以蒲城为顶点，西起套尔河口，南达小清河口，陆上面积约为7 200 km^2。近代三角洲是黄河1855年从铜瓦厢决口夺大清河流路形成的以宁海为顶点的扇面，西起套尔河口，南抵支脉沟口，面积约为5 400 km^2；而现代黄河三角洲是1934年以来至今仍在继续形成的以渔洼为顶点的扇面，西起挑河，南到宋春荣沟，陆上面积约为3 000 km^2。

黄河三角洲是一典型扇形三角洲，属河流冲积物覆盖海相层的二元相结构，西南高，东北低，高程13~1 m，自然比降1/8 000 ~1/12 000。由于黄河三角洲新堆积体的形成以及老堆积体不断被反复淤淀，造成三角洲平原大平小不平，微地貌形态复杂，主要的地貌类型有河滩地、河滩高地与河流故道、决口扇与淤泛地、平地、河间洼地与背河洼地、滨海低地与湿洼地以及蚀余冲积岛和贝壳堤（岛）等。

三角洲平原地势低平（图5–19），西南部海拔11 m，最高处利津南宋乡河滩高地高程为13.3 m，老董至垦利一带9~10 m，罗家屋子一带约7 m，东北部最低处小于1 m。区内以黄河河床为骨架，构成地面的主要分水岭。三角洲是由黄河多次改道和决口泛滥而形成的岗、坡、洼相间的微地貌形态，分布着沙、黏土等不同的土体结构和盐化程度不一的各类盐渍土。这些微地貌控制着地表物质和能量的分配、地表径流和地下水的活动，形成了以洼地为中心的水、盐汇积区，是造成

图5–19　黄河三角洲景观（二）

“岗旱、洼涝、二坡碱”的主要原因。人类活动（黄河改道、修建黄河大堤、垦殖、城建、高速公路、海堤、石油开采等）在剧烈地改变着该区的微地貌形态，但其基本框架仍清晰可辨。

黄河的水土资源孕育了中华民族的古代文明；黄河决口改道的灾害，也是中华民族的忧患。这种强大而又不羁的特征，同样在三角洲显现出来。第一，黄河是世界上含沙量最高的河流，极高含沙径流和弱潮的作用使黄河口成为一个独特的河口。我们对比一下可知，黄河径流含沙量位于世界之首，其量值往往是其他著名河口含沙量的数倍至数百倍。由于含沙量极高，加之河口区坡降小、海潮作用较弱，黄河的淤积速率和三角洲延伸速度均居世界前列。黄河三角洲的沉积速率是密西西比河三角洲的数十倍，是长江三角洲的30余倍，是珠江三角洲的50余倍。第二，黄河口是典型的弱潮河口，潮差平均为1 m上下，涨潮流速及流量均不大。在我国较长的河流中，黄河口（图5-20）的潮区界和潮流界最短。涨潮作用使黄河口的盐淡水混合类型一般为高度分层为主，间有似层型至缓混合型出现。混合地点、滞流点带和最大浑浊带均出现在口门附近，易发生泥沙大量淤积，形成河口拦门沙。拦门沙形成的部位，可以用潮径流量比值来判别。该值小于1时，一般发育口内拦门沙。黄河口的潮径流量比值为0.42，发育

图5-20　黄河入海口

了庞大的口内拦门沙带。第三，黄河口还有一个显著特点，即游荡型河口及河道演变频繁。黄河口的游荡性表现为两方面，一是尾闾频繁地决口改道；二是河口河道本身为游荡型不稳定形态，汊道众多，水流紊乱，宽深比大，在改道的初、末期尤为明显。与同是游荡型河口的密西西比河比较，黄河口的演变要剧烈得多。一次改道形成一个舌状小三角洲（又称小循环），黄河口约需9年左右时间，而密西西比河口约需100年；黄河尾闾横扫三角洲一遍（又称大循环）的时间约为50年，而密西西比河口则约需1 000年。因此，黄河尾闾的大小循环均比密西西比河口短暂，河道摆动频繁，极不稳定，其主要原因还是河口含沙量悬殊。由此可见，黄河的径流含沙量极高、淤伸快速、游荡改道频繁，加上庞大的河口拦门沙，这在全国、全世界都是首屈一指的。黄河口这些极端的特性，又给整个三角洲赋予了独特的个性，它比一般的三角洲优点更明显，缺点也更突出。

黄河三角洲地处渤海之滨的黄河入海口，为我国最大的三角洲，也是我国温带最广阔、最完整、最年轻的湿地。黄河是一条善淤、善徙的河流，每年挟带约16亿t的泥沙奔流而下，约有12亿t的泥沙沉积在三角洲及河口沿岸地区。平均每年向渤海推进1.5~3.0 km，每年新造陆地23~28 km^2。“昨日沧海，今日桑田”在此得以实现（图5-21、图5-22）。黄河三角洲是目前中国东部沿海地区人为干扰

图5-21 黄河三角洲全貌

图5-22　黄河三角洲俯瞰

最少、生态环境自然属性最显著的地区，其植物资源具有发育阶段的年轻性、发育过程的演进性和发育状态的自然性等特征，植被的产生、发展与演替基本上是在自然状态下进行的。三角洲位于地壳长期下沉区，新近纪即有石油形成。目前，黄河三角洲是我国东部沿海一线最重要的石油富集区，又是北部岸带农业发展潜力最大的地段，三角洲上的胜利油田已建成为全国第二大石油工业基地，山东省已把黄河三角洲的综合开发列为跨世纪的战略工程之一。由于黄河三角洲成陆新、大环境不稳定，这里的开发远远落后于其他大河三角洲。但是，黄河三角洲优越的地理位置、广袤的土地和丰富的资源是很有吸引力的，尤其在世界被粮食、人口、资源、环境等问题困扰的今天，黄河三角洲的开发日益为世人所瞩目。

所以，面对独一无二的黄河、独一无二的黄河三角洲，我们在参照国内外三角洲开发模式时应有所鉴别。着重研究黄河三角洲本身的独特性质，发现其形成和发展的规律，以找到适合黄河口治理、适合于黄河三角洲开发的科学方法和有效途径。

黄河三角洲是河海交汇的产物。黄河这条以填海造陆闻名于世的东方巨龙，对入海口情有独钟。它出昆仑、穿峡谷、越龙门、跨平原，一路奔波，携来九省区的尘沙沃土，在渤海湾畔塑造出了河口三角洲。这里原本是一片海，是黄河以精卫般的执着，日复一日地填海造陆，孕育出一块茫茫无垠的芳草绿洲（图5-23、图5-24）。黄河三角洲上景观独特，土地年轻辽阔，林木、草场及野生动物等自然景观新颖，野趣浓烈，奇丽的“金涛”刺入碧蓝的海中，形成世界罕见的奇观。

行走在黄河三角洲上，人们会时常情不自禁地为“第二森林”惊叹——这就是黄河挟带来的大量泥沙日复一日、年复一年成就的繁盛茂密的芦苇荡。芦苇依河傍渠沿故道，一片接一片，一去数百里，

图5-23 黄河三角洲景观（三）

图5-24 黄河三角洲景观（四）

——地学知识窗——

国家地质公园

中华人民共和国国家地质公园，是由中国行政管理部门组织专家审定、由国土资源部正式批准授牌的地质公园。中国国家地质公园是以具有国家级特殊地质科学意义，较高的美学观赏价值的地质遗迹为主体，并融合其他自然景观与人文景观而构成的一种独特的自然区域。 截至2015年，国土资源部公布了7批共240个国家地质公园，其中，黄河三角洲国家地质公园是目前我国唯一一处河流及地貌景观地质公园。

连绵不断，成为黄河入海口一大自然奇观。每年的仲夏时节，绿油油的芦苇枝叶相连，漫无边际。阵风掠过，苇荡起伏如潮，碧涛滚滚，整个苇荡就像一把巨型乐器，弹奏出浑厚天然的圣音神韵。秋风送爽的时候，也是芦苇最为丰满诱人的成熟季节。整个苇荡犹如待检阅的千军万马，阵容异常齐整。待饱满的苇穗由淡紫转为粉白，直到芦花盛放，到处是蓬蓬松松、白花花的一片，整个苇荡犹如苇海，随风起伏，苇絮随风在天空悠然地飘飞，似雪花飞舞，弥天盖地，撒向原野，这就是最令人欣悦的“芦花飞雪”的壮美景观。它一直持续到来年春天，如天空普降瑞雪，令人叹为观止，形成一幅精美绝伦、巧夺天工的剪影。新淤地延伸到那里不过一两年，芦苇便像一排排冲锋陷阵的战士，扛着绿色的旗帜冲了上去，齐刷刷地占领大片土地，盘根错节，固土凝沙，成为沃土的天然屏障。如果说美丽的黄河是三角洲的母亲，那么，芦苇就是三角洲温厚的保姆，用无边无际的绿，呵护着这片新生地。数千顷的芦苇是风景，也是财富；黄河口每年产芦苇近1.5万t，芦苇是造纸化工的重要原料，芦苇根还是重要的药材，而苇编作为古老黄河流域的特产，在国际市场上声名远播。如今，东营苇编出口已占全国总量的1/10。

漫步黄河口，柽柳树随处可见，有的三丛五株，长在路边田头；有的几百枝群从簇，攀枝连理，蓬勃向上；更多的是密密匝匝地平铺开去，苍干层叠簇拥，翠枝柔顺，成为黄河口的又一奇观。柽柳一年三次开花，又名“三春柳”，是一种能抗盐碱、耐旱涝、抵贫瘠，常用来改良土壤、美化环境、防风固沙的优良树种。柽柳还有着未雨先知的功能，天将下雨之前，枝叶特别挺拔滋润，花儿也分外艳丽醉人，故有“雨师”之称。古人说柽柳乃“木中之圣”，并不言过。柽柳花期长达半年之久，所酿制的蜜，色似琥珀，体似凝脂，甘甜爽口，沁人心脾，是营养健身的上佳补品。坚硬的柽柳枝干，可提供单丁、炼制栲胶、编织花篮、制作盆景，给黄河口人以丰富的馈赠。秋天的柽柳林，从从簇簇，茫茫苍苍，火一般燃烧在平原上，为凝重、苍劲的黄河又平添了一份浓艳。百万亩柽柳林随风摇曳，纷披下垂，如杨柳般婀娜多姿，林内鸥飞雁鸣，鹳鹤起舞，狐兔出没，群鸟栖息，花香清雅浓郁，令人心旷神怡。

“红地毯”景观是黄河口生态旅游区独特的湿地自然景观，是由一簇簇高20 cm左右、学名翅碱蓬的野生植物“织成”的。翅碱蓬被当地人称为“黄须菜”，据营养学专家分析研究，黄须菜营养素种类齐全，矿物质含量丰富，具有防止衰老的功效，是一种天然的绿色保健食品。黄须菜一般生长在平均高潮线以上的近海滩地，尤以黄河入海口最为集中，生长密度很大。每到初春时节，黄须菜给黄河入海口这片新淤地盖上了一层新绿。深秋，开花结果的黄须菜又给大地披上了艳丽的红装，极目远望，像火海，似朝霞，于是又叫“红地毯”。

绿野千顷，碧水长流。这淳朴原始的黄河三角洲，年年经历着春夏秋冬的四季交替、万物嬗递，生生不息。每一个来到黄河三角洲的游人，都会为眼前的美景沉醉——改道后的黄河岁岁安澜，古老的渡口静静守望，两岸充满勃勃生机。河的北岸，芳草萋萋，旷野茫茫；河的南岸，井架林立，泵塔棋布。当船穿过天堑飞虹般的黄河胜利大桥，掠过新兴的城市风貌，只见摆渡的大小船只、停泊的渔船、大片的苇荡、挺拔的香蒲、星星点点的罗布麻以及唧喳乱鸣的水鸟掠过长空，远处的河面越来越宽，两岸的景色越来越美……

在黄河三角洲，不同的季节可以感受到不同的特色景观。11月下旬至次年的3月，是观鸟的季节。观鸟的首选地是自然保护区。黄河奔腾万里，沿途接纳了藏北高原的神秘、西北大漠的粗犷、黄土高原的淳朴和齐鲁文明的睿智，从东营市中部入海。在入海口附近，有面积达15.3万hm^2的国家级黄河三角洲自然保护区，有面积达1.4万hm^2的国家级森林公园，形成了独特的湿地生态和动植物景观

（图5-25）。

4~5月份观赏槐花。在黄河入海口附近，生长着1.4万hm^2人工刺槐林，每年春天，雪白的槐花铺天盖地地伸向黄河入海口地区的茫茫原野。人们选择驾车驶过东营黄河大桥，沿东港高速向北行驶约20分钟，便能看到大片大片的树林和一望无际的天然绿地。此处于1992年被确定为国家森林公园。槐林茂密而翠绿的枝叶间，托起了层层耀眼的洁白，似蓝天白云却又带着淡淡的、甜甜的、缕缕的清风扑面而来。游人在槐林的草场上席地而坐，仰望一串串、一挂挂的白色花穗与穿梭在花丛中的蜜蜂，饮着醇香的蜜酒、品尝着养蜂人现场采集的槐花蜜，那醇香、那甘甜、那清香与林中的丝丝春风一起融进肺腑，会将人带进神话中的仙境里。7~9月份观黄河入海，领略生态文化。黄河发源于青藏高原，沿途受高山的阻挡、高原的堵截、峡谷的束缚和数千里大堤的制约，只有到了河口，才摆脱了这一切，以雄伟的气势冲向广阔的大海，河海交汇成一体，构成了黄河入海口的旷世奇景。

这里有世界上最完整、最广阔、最年轻的湿地生态系统。2 300 km^2的成陆时间仅有几十年的新生湿地和滨海湿地，是目前中国东部沿海地区人为干扰最少、生态环境的自然属性最显著的地区。据统计，三角洲上的各种生物达1 917种，其中水生动物641种，属国家一、二级保护的有9种；已发现265种鸟类计1 000多万只，占中国鸟类总数的22.3%，仅白天鹅、丹顶鹤等国家一、二类保护鸟类就达41种，成为东北亚内陆和环西太平

图5-25　黄河三角洲景观（五）

洋鸟类迁徙的重要中转站和繁殖地（图5-26）。同时，黄河入海口海域还是名副其实的“百鱼之乡”。沿海海域有鱼类100多种、虾类30多种、贝类20多种，驰名中外的黄河鲤鱼、黄河刀鱼、东方对虾等水产珍品，可观、可钓、可捕、可就地加工食用，一向为游客所钟爱。这片新生的河口湿地，还有着不可估量的科学研究价值和生态学的意义。联合国官员把黄河三角洲形象地比喻为“鸟类的国际机场”；生态学专家把它视为研究新生陆地形成、演化、发展的重要基地；生物学家把这里看作是研究生物演替规律的基因库；鸟类专家视这里为研究东北亚内陆和环西太平洋鸟类生存、栖息、迁徙规律的特殊地域；水土保持专家把这里看作是反映黄河治理成效的晴雨表。

天鹅湖公园犹如一颗璀璨的明珠镶嵌在黄河三角洲。它位于东营市东城东南，东临广利港，北依机广路，南靠支脉河，距东城15 km，距西城35 km，拥有63 km^2的广阔水面，是亚洲最大的人工平原水上旅游休闲度假区。从空中俯视，水波潋滟，晶莹碧透，仿佛一块未经雕琢的巨大翡翠，在晴天丽日下，轻扬碧波，唱响一曲最为神秘诱人的歌谣。这里四季水鸟不绝，日出时百鸟齐飞，日落时群鸟争鸣。特别是在冬季，上万只天鹅飞临此处栖息过冬，湖面上一群群洁白的天鹅，像天使扯下的片片白云，在碧水的衬托下格外高雅圣洁，天鹅湖也由此而得名。天鹅湖公园由日月山、中心岛、南天一柱、北海城

图5-26　黄河三角洲的鸟类

堡、军事教育基地、生物鸟岛、度假村、温泉等区域组成，主要观赏景点有宝塔、长城、明湖、都江堰、石林、艺术长廊、鸟塔、白踏、鸵鸟园、孔雀园、中心岛等，面积6万m^2，四周石砌，四个生物岛布列四方，供候鸟栖息。全部景点均依水而建，现已开发的项目有温泉保健、休闲垂钓、水上娱乐、食宿会议服务等。

与长江、珠江两大三角洲相比，黄河三角洲成陆时间较晚，草甸形成过程较短，整个生态环境仍然比较脆弱，开发中一系列的困难和矛盾由此产生，在客观上增加了生产开发的成本与难度。

土地沙化和盐碱化现象严峻。黄河三角洲基本由黄河泥沙淤积而成，属于最年轻的土地。近代以来，由于经常受到海水的倒灌与侵蚀，土地沙化和盐碱化的比例很高。东营和滨州两市高达90%~95%以上。土地的沙化和盐碱化严重影响了居民的日常生活及整个农林牧渔的发展，在客观上加大了生产、开发及治理的难度与成本。不少地方由于盐碱化程度过重而无法进行一般常规式开发，只能另辟蹊径，走开发、治理与保护相结合的道路。

淡水资源短缺。由于土壤和水质盐碱化现象十分严峻，加之气候条件较为干旱，淡水资源极为短缺，给工农业生产和人民生活带来了严重困难。整个黄河三角洲区域内，95%以上的地下水不能直接饮用，60%以上的地下水不能用于工农业生产（油井注水除外）。再加上近年来日趋干旱，降水稀少，植被和土壤保墒力较差，且黄河断流时间越来越长（近年全年断流时间已逼近200天），整个淡水资源极为短缺，使正常的生产与开发活动难以顺利推进。为确保自身的可持续发展，只能走以节水为基础的发展道路。

森林牧草覆盖率低。与其他两大三角洲相比，黄河三角洲显得十分荒凉，植被覆盖率极低。这里虽然地广人稀，但人均森林面积却只有全国平均数的30%；这里虽然号称“水草丰美”，但大多都是海水侵蚀过的咸水，自然植被以草甸为主，大多属于难以开发的野草，真正可开发利用的草地不过4.4万hm^2，仅占土地总面积的5.5%。植被覆盖率的低下，严重影响了生态环境的良性循环，致使风灾、旱灾、蝗灾频频发生。生态环境和自然条件的恶化，大大削弱了对技术人才和资本投资的吸引力，使生产发展和整个经济开发进程都深受影响。

参考文献

[1]陈建强, 周洪瑞, 王训练. 沉积学及古地理学教程[M]. 北京: 地质出版社, 2015.

[2]孔庆友, 张天祯, 于学峰, 等. 山东矿床[M]. 济南: 山东科学技术出版社, 2005.

[3]陈安泽. 旅游地学大辞典[M]. 北京: 科学出版社, 2013.

[4]孔庆友, 姜辉先. 齐鲁风光大全[M]. 北京: 科学出版社, 2013.

[5]东营市人民政府. 山东东营黄河三角洲国家地质公园规划[R]. 2011.

[6]任美锷, 曾昭璇, 崔功豪, 等. 中国的三大三角洲[M]. 北京: 高等教育出版社, 1994.

[7]孔庆友. 地矿知识大系[M]. 济南: 山东科学技术出版社, 2014.

[8]佚名. 世界地图集[M]. 大字版. 北京: 中国地图出版社, 2013.